OS MISTÉRIOS NÃO EXPLICADOS DA CIÊNCIA

John Malone

OS MISTÉRIOS NÃO EXPLICADOS DA CIÊNCIA

Uma Viagem Empolgante pelo Universo do Big-Bang, das Ondas-Partículas e Outros Conceitos Surpreendentes

Tradução
MARCELO BRANDÃO CIPOLLA

EDITORA CULTRIX
São Paulo

Título do original: *Unsolved Mysteries of Science*.

Copyright © 2001 John Malone.

Tradução autorizada da edição em língua inglesa publicada por John Wiley & Sons, Inc.

Todos os direitos reservados. Nenhuma parte deste livro pode ser reproduzida ou usada de qualquer forma ou por qualquer meio, eletrônico ou mecânico, inclusive fotocópias, gravações ou sistema de armazenamento em banco de dados, sem permissão por escrito, exceto nos casos de trechos curtos citados em resenhas críticas ou artigos de revistas.

Dados Internacionais de Catalogação na Publicação (CIP)
(Câmara Brasileira do Livro, SP, Brasil)

Malone, John
  Os mistérios não explicados da ciência : uma viagem empolgante pelo universo do Big-Bang, das Ondas-Partículas e outros conceitos surpreendentes / John Malone ; tradução Marcelo Brandão Cipolla. — São Paulo : Cultrix, 2005.

  Título original: Unsolved mysteries of science.
  ISBN 85-316-0882-1

  1. Ciência — História 2. Mistério I. Título.

05-1506   CDD-001.94

Índices para catálogo sistemático:
1. Ciência : Mistérios : Conhecimentos não explicados 001.94
2. Mistérios da ciência : Conhecimentos não explicados 001.94

O primeiro número à esquerda indica a edição, ou reedição, desta obra. A primeira dezena à direita indica o ano em que esta edição, ou reedição, foi publicada.

Edição	Ano
1-2-3-4-5-6-7-8-9-10-11	05-06-07-08-09-10-11

Direitos de tradução para a língua portuguesa
adquiridos com exclusividade pela
EDITORA PENSAMENTO-CULTRIX LTDA.
Rua Dr. Mário Vicente, 368 — 04270-000 — São Paulo, SP
Fone: 6166-9000 — Fax: 6166-9008
E-mail: pensamento@cultrix.com.br
http://www.pensamento-cultrix.com.br
que se reserva a propriedade literária desta tradução.

Impresso em nossas oficinas gráficas.

SUMÁRIO

Agradecimentos 9

Introdução 11

1. Como o Universo Começou? 13
   A teoria do Big-Bang representa a hipótese mais aceita pelos cientistas desde há mais de vinte anos, mas será que ela explica tudo?

2. Como Surgiu a Vida na Terra? 23
   O que desencadeou a divisão celular que deu origem à cadeia evolutiva? Será que a vida veio do espaço sideral, contida num pedaço de rocha?

3. O Que Causa as Extinções em Massa? 33
   Cinco processos de extinção em massa já abalaram o planeta, e todos eles alteraram o esquema geral da vida na Terra. Erupções vulcânicas, a translação dos continentes, o impacto de asteróides — todos esses fatores já foram sugeridos como causas.

4. Como é o Interior da Terra? 45
   O que está acontecendo sob os nossos pés? Será o nosso conhecimento suficiente para prever terremotos e erupções vulcânicas?

5. O Que Causa as Eras Glaciais? 55
   Será que as glaciações são provocadas por mudanças ocorridas na Terra ou no sistema solar? Estaremos próximos de outra glaciação?

6. Os Dinossauros Tinham Sangue Quente?.......................... 63
Ou será que tinham sangue frio? Ou, quem sabe, ambos? A resposta pode nos ajudar a solucionar muitos mistérios relativos à evolução ocorrida nos últimos 65 milhões de anos.

7. O Elo Perdido Existe?... 73
A história da evolução humana está longe de estar completa. Ao lado de fraudes como o "Homem de Piltdown" e descobertas extraordinárias como "Lucy", muitos enigmas ainda nos assombram. Afinal de contas, o que significa exatamente a expressão "elo perdido"?

8. O Que Causou o "Big-Bang" da Cultura Humana?............ 86
De onde veio isto que chamamos de "cultura", e como foi que surgiu aparentemente da noite para o dia?

9. Como Aprendemos a Falar?.. 95
Será que a aquisição da linguagem é uma capacidade biológica inata, ou cada criança tem de começar do zero?

10. Os Golfinhos São Tão Inteligentes Quanto o Homem? 106
Pelo tamanho do cérebro, a inteligência deles é quase igual à nossa; mas será que existe possibilidade de estabelecer uma comunicação com eles?

11. Como Migram os Pássaros? 115
Certas espécies de aves viajam mais de 9.600 km por ano em suas migrações. Como fazem para encontrar o caminho?

12. O Que é o Vermelho? 124
As cores existem na natureza ou estão todas somente na nossa cabeça? O estudo da visão dos daltônicos e da de certas espécies animais nos mostra que o sentido da cor se localiza em nosso cérebro.

13. Como os Astrônomos Maias Sabiam Tanto? 132
Eles sabiam mais do que os astrônomos europeus da época, mas como foi que obtiveram esses conhecimentos?

14. O Que é a Gravidade? 140
A maçã de Newton só fez desencadear uma série de debates. Einstein complicou ainda mais as coisas. De que modo a gravidade se encaixa na teoria quântica?

15. O Que é a Luz?.. 149
Esse debate se prolonga há décadas: a luz é uma onda, uma partícula ou ambas?

16. Por Que a Frustração Quântica é Tão Grande?............ 157
A física quântica funciona, mas é tão bizarra que até ganhadores do Prêmio Nobel têm dificuldade para compreendê-la. Por quê?

17. Como São, na Verdade, os Buracos Negros?............ 167
Será que os buracos negros destroem tudo o que engolem, ou poderiam ser uma passagem para um outro universo?

18. Qual é a Idade do Universo?............ 176
As medidas nos dizem que o universo é mais novo do que as estrelas mais antigas. O que há de errado aí?

19. Acaso Existem Múltiplos Universos?............ 183
Segundo alguns especialistas em física quântica, a existência de outros universos não só é possível como necessária. Podemos visitá-los?

20. Quantas Dimensões Existem?............ 191
O contínuo do espaço-tempo einsteiniano nos levou a quatro; os computadores são capazes de trabalhar com dez; e há cientistas que não se contentam com menos de onze, ou até 26. E agora?

21. Como o Universo Vai Acabar?............ 199
Será que vai acabar com uma explosão ou com um suspiro? As descobertas recentes complicaram ainda mais a questão.

AGRADECIMENTOS

Quero agradecer ao meu editor, Jeff Golick, pelo encorajamento, pela prestatividade e pela paciência que demonstrou durante todo o tempo em que eu escrevia o livro, e ao meu agente, Bert Holtje, que me pôs em contato com ele. Agradeço a Paul Baldwin, Rob Brock, Dan Tepper e Carole Monferdini pela disposição de me ouvir falar a não mais poder sobre quarks, dinossauros e universos paralelos. Sou grato a Tom Tirado pelo seu conhecimento de muitas matérias, desde a computação até a civilização maia. Por fim, quero prestar homenagem a John W. Campbell, cuja revista *Astounding Science Fiction* abriu meus olhos para todo um novo universo quando eu era ainda adolescente, na década de 1950, e despertou meu interesse pela ciência, interesse cuja conseqüência última foi eu ter escrito este livro.

INTRODUÇÃO

Os cientistas, de Aristóteles até hoje, sempre tomaram sobre si a tarefa de explicar o mundo e desvendar seus mistérios. Porém, muitas vezes parece que, para cada mistério solucionado, um novo mistério se cria. E mais: mesmo os maiores dentre os cientistas só são capazes de lidar com alguns aspectos de um determinado enigma, e, por esse mesmo motivo, as soluções a que chegam acabam revelando-se incorretas. Aristóteles foi, para todos os efeitos, o criador do método científico ocidental, mas a sua teoria dos céus, com esferas de cristal girando em torno da Terra, foi um erro sem tamanho. *Sir* Isaac Newton foi o primeiro a explicar a gravidade e a luz de maneira compatível com o modo pelo qual as coisas de fato ocorrem no mundo físico, mas o seu caminhão de maçãs foi temporariamente jogado numa vala quando o Expresso da Relatividade, de Albert Einstein, passou a toda velocidade no comecinho do século XX. Newton teve, porém, a sua vingança — suas demonstrações dos efeitos gravitacionais têm resistido a todas as tentativas de integração com a física quântica.

Ao longo da história da ciência, a tendência sempre foi a de encarar o último triunfo teórico ou a mais recente inovação técnica como as últimas palavras sobre um determinado tema. No final do século XIX, mesmo os cientistas aderiam ao sentimento de que todas as coisas que poderiam ser descobertas e explicadas já o tinham sido. Então, nos primeiros cinco anos do século XX, a humanidade finalmente conseguiu levantar vôo numa máquina motorizada e Einstein abriu as portas de todo um universo invisível que ainda estamos tentando compreender. Os gigantes da ciência do século XX ampliaram as fronteiras do conhecimento humano a um ponto que fez empalidecer o brilho de todas as descobertas feitas pela raça humana até então. Essa dramática expansão desencadeou uma mudança no modo pelo qual o público encarava a ciência. No ano 2000, as pessoas em geral já encaram com normalidade as inovações e revoluções científicas e mal se abalam com as fantásticas previsões proclamadas pelos futuristas de plantão.

Não há dúvida de que o século XXI assistirá a avanços extraordinários nos campos da informática e da biotecnologia, embora não possamos nos esquecer jamais da chamada "lei das conseqüências involuntárias". Os pesticidas, por exemplo, que em tese representariam a solução para a crescente necessidade de alimentos, produziram ao final efeitos quase catastróficos. Temos de reconhecer, além disso, que poucas coisas avançam sempre em linha reta e num ritmo constante, e que a ciência não é exceção a essa regra. Os becos sem saída são coisas corriqueiras e os saltos quânticos são tão comuns quanto o progresso gradual.

Mesmo em face dos maravilhosos progressos do século XX, inúmeros grandes mistérios ainda não foram explicados. Alguns desses mistérios vêm assombrando a humanidade há séculos, talvez milênios. Aristóteles, por exemplo, foi o primeiro a investigar com seriedade a questão da migração dos pássaros. Compreendeu algumas coisas, mas cometeu erros atrozes em outras, e esses erros impediram novas investigações por quase 2000 anos. Nós, de nossa parte, não dispomos ainda senão de soluções parciais para esse mistério. Em outros casos, as revoluções da ciência moderna criaram problemas de amplitude e complexidade sem precedentes na história. Quanto maior é o número de dados de que dispomos acerca da origem do universo, por exemplo, tanto mais abstratas se tornam as explicações — a ponto de muitos físicos começarem a considerá-las mais próximas da teologia do que da ciência.

Há meros cem anos, não sabíamos que os continentes não só se movem como já modificaram várias vezes a face do planeta — não obstante, ainda não somos capazes de prever com precisão os terremotos criados por esses mesmos movimentos. Há oitenta anos, ninguém se perguntava como as crianças aprendem a falar; hoje em dia, embora o número de teorias seja infinito, ainda não sabemos a resposta. Há pouco mais de sessenta anos, sugeriu-se pela primeira vez a possibilidade da existência de buracos negros. A existência desses fenômenos celestes já foi confirmada, mas de certo modo a natureza deles continua tão enigmática quanto sempre foi.

Ainda não conseguimos responder a algumas perguntas formuladas no passado remoto, e a necessidade de encontrar essas respostas nos deixou frente a frente com questões novas e igualmente profundas. Às vezes parece que, quanto maior é o nosso conhecimento, tanto mais se aplicam as palavras proferidas por Hamlet sobre as muralhas de Elsinore: "Há mais coisas entre o céu e a terra, Horácio, do que supõe a sua vã filosofia."

1

COMO O UNIVERSO COMEÇOU?

A maior parte das grandes teorias científicas é identificada pelos nomes de grandes vultos da ciência. Quando alguém fala em "gravidade", o nome de *Sir* Isaac Newton nos vem à memória instantaneamente. "Evolução?" Charles Darwin. "Relatividade?" Albert Einstein. Mas, quando se fala o termo "Big-Bang", não surge nenhum nome que a ele possa ser convenientemente afixado. No decorrer das últimas décadas, o modelo do Big-Bang tem sido largamente aceito pelos cosmólogos como a melhor explicação de como o universo começou; tem sido apresentado nos livros didáticos e, com a mesma freqüência, nas revistas de divulgação científica. Não obstante, essa idéia não é associada ao nome de nenhum grande cientista. Alguns opositores da teoria chegaram a sugerir, com desdém, que ninguém quer se responsabilizar por ela. Com efeito, o próprio termo *Big-Bang* foi cunhado por um dos mais veementes adversários da teoria, o astrônomo britânico *Sir* Fred Hoyle, que a chamou com esse nome para tentar desacreditá-la — mas o nome pegou, mesmo assim. Em 1993, o escritor de divulgação científica Timothy Ferris, o astrônomo Carl Sagan e o telejornalista Hugh Downs foram os juízes de um concurso internacional para encontrar um nome melhor para a teoria. Como observa Ferris no livro *The Whole Shebang*, de 1997, nada de melhor se encontrou em 13.099 sugestões mandadas por pessoas de 41 países.

O conceito surgiu com uma idéia de Georges Lemaitre, belga, monsenhor da Igreja Católica Romana, que fascinou-se pela física e em 1927, com 33 anos de idade, doutorou-se pelo Massachusetts Institute of Technology. Nesse mesmo ano, Lemaitre afirmou que a lei da gravitação de Einstein, proposta na teoria da relatividade geral de 1915, implicava que o universo estaria expandindo-se no mesmo ritmo em todas as suas partes e em todas as direções. Sugeriu ainda que o universo tivera origem num átomo primordial que conteria toda a matéria existente. Depois disso, a descoberta de Edwin Hubble, de que as galáxias distantes estão se afastando de nós e uma da outra em todas as direções, em velocidades proporcionais à sua distância em relação à Via-Láctea, deu mais credibilidade à teoria de Lemaitre. Hubble nunca tinha ouvido falar da idéia do monsenhor belga, mas a expansão do universo, que ele provou documentalmente em 1929, serviu para levar mais astrônomos a pensar que alguma espécie de explosão inicial poderia ter gerado energia suficiente para criar um universo em expansão.

Na década de 1940, os físicos que se deixaram intrigar pelo conceito de uma explosão inicial teorizaram que, imediatamente depois de um tal acontecimento, o plasma resultante estaria muito mais quente do que o interior de qualquer estrela ora existente, mas teria se resfriado com o tempo, sem deixar de conservar pelo menos uma pequena quantidade de calor. O resíduo desse processo, sugeriram, criaria uma densa neblina que existiria até hoje. Essa teoria do que agora se conhece como radiação cósmica de fundo (RCF ou, em inglês, CMB — *cosmic microwave background*) tem como conseqüência que, quanto mais longe no espaço (e mais recuada no tempo) estiver essa neblina, mais densa ela deve ser. Na época, a idéia foi ignorada pela maior parte dos astrônomos e físicos, que não levavam muito a sério a teoria do Big-Bang e, de qualquer modo, não dispunham de meios para medir a RCF ou comprovar-lhe a existência.

Em 1965, entretanto, Arno Penzias e Robert Wilson, dos Laboratórios Bell, anunciaram que haviam detectado um "zumbido" constante de RCF, que descobriram por acidente enquanto trabalhavam para desenvolver uma antena receptora para o primeiro satélite de telecomunicações, o Telstar. Isso fez mudar o pensamento de um grande número de cosmólogos. Antes de 1965, o Big-Bang era mais uma teoria que simplesmente não podia ser comprovada, mas obtiveram-se então os indícios do resíduo que teria ficado da explosão inicial. É verdade que, depois disso, muitos cientistas importantes converteram-se para a teoria do Big-Bang, mas a quantidade de provas que a sustentavam não era ainda suficiente. Muitas mais seriam necessárias. Nas décadas de 1940 e 1950, haviam sido feitas várias previsões sobre a natureza da possível RCF. Segundo as investigações, essa radiação devia ter uma temperatura de cerca de 3 graus acima do zero absoluto — o leve calor que teria permanecido depois do esfriamento que permitiu a coagulação da matéria após a explosão. Esse calor, além disso, teria de ser *isotrópico* — ou seja, nas palavras de Timothy Ferris: "Qualquer observador, em qualquer lugar no universo, teria de ter a mesma medida da temperatura da radiação de fundo em todas as partes do céu." Além disso, a física quântica exigia que a RCF manifestasse um *espectro de corpo negro*, emitindo uma radiação térmica máxima num comprimento de onda determinado pela temperatura — espectro esse que podia ser medido por meio de equações quânticas específicas.

Quando ficou clara a importância da RCF, a NASA deixou-se persuadir a lançar um satélite projetado para medir as microondas dessa "radiação de fundo". Esperava-se que o Cosmic Background Explorer (COBE), livre das distorções provocadas pela atmosfera terrestre, conseguisse ter uma visão de um ponto do tempo situado cerca de 500.000 anos depois do Big-Bang, quando o universo se esfriou o suficiente para que a pura energia começasse a se transformar em matéria, possibilitando assim a emissão de luz. Lançado em 1989, o COBE superou as expectativas dos cosmólogos e nos deu provas de que a RCF é de fato isotrópica e que a sua temperatura é bem próxima de 3 graus acima do zero absoluto (2,726°K). Além disso, a RCF conformava-se com impressionante precisão às previstas equações do espectro de corpo negro.

Já em 1992, um mapa de todo o céu fornecido pelo satélite COBE confirmou outra previsão: a matéria, quando começou a se formar a partir da refrigeração dos gases formados no Big-Bang, constituiu-se em amontoados distintos que, no fim, deram origem a galáxias cheias de estrelas isoladas. Essa observação corroborava a idéia de que flutuações quânticas microscópicas ocorridas no universo primordial perturbaram a distribuição homogênea da matéria. Para falar numa linguagem mais simples, estamos tratando de uma espécie de mingau de maisena levemente empelotado — o amido de milho está distribuído de maneira *quase* homogênea, e, embora as pelotas sejam poucas, elas se destacam e chamam a atenção.

Ainda em 1939, um físico norte-americano chamado Hans Bethe demonstrou que os elementos pesados (quanto ao seu peso atômico) podem ser sintetizados dentro das estrelas. Esses elementos, dos quais é composta a massa dos planetas e do nosso corpo, não perfazem mais do que 2% de toda a matéria existente no universo. O restante é composto de cerca de 75% de hidrogênio e 23% de hélio, com quantidades residuais de lítio. Segundo os cálculos dos físicos, esses elementos leves teriam de ter sido criados no Big-Bang para explicar a abundância de hidrogênio e a proporção de hidrogênio para hélio nas estrelas. Somente em nosso Sol, a conversão de hidrogênio em hélio libera 4 milhões de toneladas de energia por segundo, e esse processo criaria muito mais energia se o equilíbrio entre o hidrogênio e o hélio não tivesse sido estabelecido quando do próprio Big-Bang. Acreditava-se que os elementos pesados, "fundidos" nas fornalhas estelares, teriam sido por fim lançados no espaço e terminaram por pontilhar o universo de focos de matéria sólida. Seguia-se disso que as estrelas mais antigas teriam menos elementos pesados, pois já os estariam ejetando no espaço há muito mais tempo — e é exatamente isso que foi observado quando o progresso da tecnologia tornou possíveis tais observações. Assim, a distribuição dos elementos, chamada de *abundância cósmica dos elementos*, também se mostrou compatível com a teoria do Big-Bang.

A essa altura, talvez pareça acertado concluir que a teoria do Big-Bang foi comprovada. Sempre que uma nova teoria científica faz previsões que são confirmadas pelas observações ou experimentações, os cientistas ficam muito contentes. Quando um número suficiente de confirmações se acumula, considera-se que a teoria foi provada. Mas, embora a grande maioria dos cosmólogos aceitem a teoria do Big-Bang, todos reconhecem que ainda há muitos problemas a ser resolvidos — problemas, aliás, graves o suficiente para nos fazer pôr em questão a teoria como um todo. Ademais, esses problemas têm surgido com tamanha freqüência que a teoria vive num permanente estado de crise.

Fred Hoyle, que cunhou o termo *Big-Bang* num tom de desprezo, sempre foi um dos principais opositores da teoria. Em 1948, com Herman Bondi e Thomas Gold, propôs a chamada teoria do "estado constante". Segundo sua teoria, o universo é muitíssimo mais antigo do que parecem indicar as observações astronômicas: sempre existiu e sempre existirá. No decorrer de vastas eras de tempo, galáxias inteiras nascem, amadurecem e morrem, e outras galáxias nascem dos detritos resultantes e tomam o lugar das antigas. Essas novas galáxias não se formariam necessariamente no mesmo lugar das anteriores, mas a massa total do universo permaneceria em equilíbrio. Sob esse ponto de vista, até mesmo as galáxias mais antigas que podemos observar são novas em relação ao quadro geral do universo. Muitos cosmólogos não gostaram da teoria do estado constante, pois ela deixa implícito que nós jamais chegaremos ao conhecimento do princípio das coisas, ao passo que a maioria dos físicos e astrônomos é movida pela crença de que esse conhecimento é possível. O fato de Hoyle fazer comentários mordazes e ser considerado arrogante pelos seus colegas de ciência não colaborou para acalmar os ânimos, nem tampouco o seu sucesso junto ao público como divulgador da ciência. Por outro lado, podemos nos perguntar se a própria crença de que é possível chegar ao fundo das coisas não é, em si mesma, o cúmulo da arrogância — por certo, arrogância é o que não falta em ambos os lados do debate.

A teoria de Hoyle também tinha seus problemas. Para começar, fazia uso de uma forma modificada da *constante cosmológica*, um expediente matemático que Einstein introduziu na sua teoria da relatividade geral para trabalhar com a hipótese de um universo que não muda. Em 1929, Edwin Hubble, fazendo uso de seus estudos do desvio cromático das galáxias distantes em direção à extremidade vermelha do espectro, o chamado "desvio para o vermelho", chegou à conclusão de que as galáxias se afastavam umas das outras com muita velocidade, em virtude da expansão do universo. A constante cosmológica de Einstein já não era necessária. O próprio Einstein admitiu que essa constante foi o maior erro que ele cometeu.

A antipatia que a maioria dos físicos sentia pela constante cosmológica, associada à descoberta da RCF em 1965, aparentemente pôs fora de combate a teoria do estado constante de Hoyle. Ele, porém, não se resignou a fechar sua lojinha e ir para casa. Dizia que, embora sua teoria apresentasse alguns problemas, a do Big-Bang apresentava ainda mais. E, com efeito, esta última teoria não deixou jamais de deparar com novas dificuldades. Uma delas era a seguinte: quanto mais os cosmólogos adquiriam conhecimentos, tanto mais claro ficava que o universo em seus primórdios não funcionava de acordo com as leis da física que prevalecem hoje. Por pelo menos 500.000 anos depois do Big-Bang, até haver um resfriamento suficiente para permitir a formação da matéria e a liberação da luz (chamada de "foto-desacoplamento", uma vez que a luz é comunicada pelos fótons), as leis do nosso universo atual não existiam. Essa discrepância forçou os teóricos do Big-Bang a adotar a noção de que o universo inicial era uma *singularidade*, um acontecimento único no tempo. Hoyle e seus seguidores (pois ele tinha alguns) fizeram picadinho dessa idéia. Zombavam: vocês descobrem algo que contradiz a teoria do Big-Bang e, em vez de duvidar da teoria, inventam uma exceção especial que vai na contramão de tudo o que conhecemos.

O próprio Hoyle obteve uma nova vitória em 1990, quando um de seus seguidores, um cosmólogo norte-americano chamado Halton Arp, trabalhando no Instituto Max Planck, na Alemanha, afirmou que diversas observações do desvio para o vermelho não se coadunavam com a distância entre as galáxias observadas e a Terra. Tratava-se de um problema sério. Se o desvio para o vermelho não era, afinal de contas, um indicador confiável da velocidade de expansão do universo, isso faria desmoronar desde o princípio a teoria do Big-Bang. Talvez as galáxias não estivessem se afastando tão rápido umas das outras, eliminando assim a necessidade de um Big-Bang para pô-las em movimento. Arp foi ainda mais longe e, em 1991, disse: "Eles praticamente admitiram a derrota, pois as observações desses objetos importantíssimos foram proibidas neste telescópio e a discussão acerca do assunto tem deparado com tentativas desesperadas de supressão." Provas ignoradas? Debates suprimidos? Os teóricos do Big-Bang sentiram-se ofendidos. Enquanto isso, como observa John Boslough no livro *Masters of Time*, de 1992, vários outros físicos acusavam os defensores da teoria do Big-Bang de ignorar provas ou desenvolver hipóteses que não podiam ser verificadas. Com efeito, em 1986, o físico Sheldon Glashow, coganhador do Prêmio Nobel de Física de 1979, uniu-se ao seu colega Paul Ginsparg da Harvard para soar o alarme de que a física em geral estava se transformando numa atividade tão abstrata que acabaria sendo "praticada em escolas de teologia pelos futuros equivalentes dos teólogos medievais".

Dentre as novas idéias sobre o Big-Bang que não podem ser verificadas, a mais significativa é a da *inflação*. Proposta por Alan Guth em 1981, ela reza que, bem no comecinho, num período descrito como de "uma fração de segundo", o universo expandiu-se num ritmo exponencialmente mais rápido do que se expande agora, partindo do tamanho de uma cabeça de alfinete e chegando ao tamanho de uma laranja, mais ou menos, num tempo infinitesimal. Isso não parece grande coisa, mas é impressionante do ponto de vista matemático: o aumento de volume foi um fator de 10 elevado à qüinquagésima potência, ou 1 seguido de 150 zeros. Depois desse instante de inflação, o universo caiu no ritmo (relativamente) lento de expansão que tem prevalecido desde então. Em outras palavras, em seus primeiros momentos o universo comportou-se como o Super-Homem, mas depois decidiu aposentar a capa e o macacão e andar por aí no papel de Clark Kent por todo o restante da história do cosmos.

O leitor leigo vai achar isso ridículo, mas o conceito de inflação dissipou uma série de nuvens negras que se acumulavam sobre a teoria do Big-Bang e foi muito bem recebido. Resolveu, entre outros problemas, o do achatamento do universo. O achatamento (*flatness*), tal como se o entende habitualmente, é um termo que descreve os aspectos físicos da teoria e, embora faça sentido do ponto de vista matemático, é um tanto infeliz do ponto de vista lingüístico. Os físicos tinham determinado que o universo tem de ser ou *aberto* — um universo que se expande perpetuamente sobre uma superfície curva infinita — ou *fechado* — um universo que por fim seria forçado pela gravidade a contrair-se sobre si mesmo, voltando provavelmente ao estado do átomo primordial que lhe deu origem no Big-Bang. Infelizmente, porém, não há nenhum indício visível, nem de que ele seja aberto, nem de que seja fechado. Parece estar num perfeito equilíbrio entre essas duas possibilidades, e essa condição foi chamada de "achatamento" porque, nela, a curvatura média do espaço é igual a zero, determinando uma trajetória "achatada" ou plana.

Para complicar ainda mais as coisas, a razão entre a *densidade efetiva* do universo (a quantidade de matéria que gera atração gravitacional) e a densidade necessária para fazê-lo contrair-se sobre si mesmo é igual a um. Atribuiu-se a essa razão a letra grega ômega. Matematicamente, num universo aberto essa razão seria menor do que ômega, e num universo fechado, seria maior. Assim, quer no que diz respeito à curvatura, de valor zero, quer à razão entre as densidades, de valor um, o resultado é um universo "chato". O conceito de inflação criado por Alan Guth deu uma aura de razoabilidade a essa idéia. Vamos esquecer que a inflação costuma ser comparada à transformação de uma cabeça de alfinete numa laranja, que é evidentemente redonda. Voltemos nossa atenção para o fato de que, quanto mais se enche um balão, mais plana se torna a sua superfície; e, em virtude da exigüidade do tempo em que ocorreu a inflação, ela realmente teve um efeito "planificante". Alguns ganhadores do Prêmio Nobel nos dizem que a matemática da teoria é confiável. (Os que não têm jeito para a matemática vão preferir pensar numa laranja esmagada por um caminhão e deixar as coisas como elas estão.)

O interessante é que um dos argumentos contra a inflação é o que acusa os defensores da teoria de "deixar as coisas como estão" numa escala cósmica. Quando Alan Guth estava desenvolvendo a idéia, deparou com um problema que o fez adiar por dois anos a publicação do seu trabalho. A teoria previa que uma expansão tão rápida teria criado uma série de "bolhas" separadas. Os limites divisórios dessas bolhas ainda seriam visíveis, e na prática não são. No fim, Guth decidiu publicar seu trabalho de qualquer modo, na esperança de que outros cosmólogos ficariam suficientemente interessados para tentar resolver o problema. Isso de fato aconteceu, em várias partes do mundo. O físico russo Andrei Linde foi o primeiro a encontrar uma resposta, que outros, depois, também encontraram. Conseguiu demonstrar matematicamente que as bolhas, agora rebatizadas de "domínios", ter-se-iam desenvolvido independentemente umas das outras. E mais, o universo conhecido abarcaria somente um bilionésimo de um trilionésimo de um desses "domínios", e os limites da bolha estariam tão distantes que permaneceriam para sempre fora da nossa capacidade de observação. Os novos cálculos conseguiram tirar esse incômodo elefante da sala e levá-lo para o quintal, mas foram operações desse tipo que levaram Sheldon Glashow a comparar a física moderna à teologia medieval.

Não obstante, à semelhança da própria idéia de inflação, a teoria das bolhas-domínios foi calorosamente recebida pela maior parte dos cosmólogos, entre os quais Stephen Hawking, geralmente considerado o maior físico vivo. A teoria das bolhas-domínios, que não pode ser comprovada, resolveu certos problemas da teoria da inflação (que também não pode ser comprovada), e a inflação havia explicado não só o achatamento do universo como também outros probleminhas da teoria do Big-Bang, entre os quais o da distribuição relativamente homogênea da matéria por todo o universo — o instante inflacionário funcionou como uma espécie de liqüidificador cósmico. Para alguns críticos, como Halton Arp e Fred Hoyle, tudo isso é muito conveniente, apesar de toda a elegância da matemática e da perfeição do encaixe entre as diversas teorias. Os críticos, porém, são figuras solitárias e isoladas. Um grande número de físicos têm dificuldade para aceitar certos aspectos das teorias do Big-Bang e da inflação, mas só se dispõem a desafiar a nova ortodoxia em pontos de menor importância e tomam muito cuidado para não questionar o todo.

Por enquanto, a teoria do Big-Bang continua a reinar suprema como a melhor explicação da origem do nosso universo. Sublinhe-se a palavra *nosso*. Não vamos nos esquecer daqueles outros domínios, cujos limites nos são inalcançáveis. No livro *The Secret Melody*, de 1995, o físico francês Trinh Xuan Thuan escreve: "Nosso universo não passa de uma bolhinha perdida na vastidão de outra bolha, um meta-universo ou superuniverso, dezenas de milhões de bilhões de bilhões de vezes maior do que o nosso. E esse meta-universo permanece ele mesmo perdido em meio a uma multidão de outros meta-universos, todos eles criados durante a era inflacionária a partir de regiões infinitesimalmente pequenas do espaço, e todos eles sem nenhuma ligação uns com os outros." A grandeza dessa visão pode ser atraente, mas pode também simplesmente nos deixar perplexos. Alguns se assustam com ela. Outros comparam-na a um conceito religioso, o que pode ser tranqüilizador ou preocupante, dependendo das crenças de cada um. Certos comentaristas esforçaram-se por deixar claro que Georges Lemaitre, criador do conceito que viria a transformar-se enfim na teoria do Big-Bang, era em primeiro lugar um padre católico e só em segundo lugar um físico, ao passo que Fred Hoyle, defensor da teoria do estado constante, é ateu. Essa distinção, porém, é sutil demais: já se disse também que certos aspectos da obra de Stephen Hawking, que acredita no Big-Bang, "eliminam a necessidade da existência de Deus".

À medida que os telescópios e os computadores vão se tornando cada vez mais poderosos e capazes de observar ou simular extensões cada vez maiores do nosso universo, à medida que os experimentos da física quântica aprofundam-se cada vez mais no estranho mundo das partículas subatômicas, parece inevitável que os conhecimentos assim adquiridos venham às vezes dar apoio à teoria do Big-Bang, às vezes confrontá-la com novos obstáculos a ser superados. Em junho de 2000, uma reportagem de primeira página publicada no *New York Times* falava de um telescópio robótico da Austrália que produzira o primeiro mapa em grande escala das galáxias que constituem o que podemos chamar de continentes cósmicos. Muito embora esses continentes sejam enormes, o tamanho deles não excede o previsto pela teoria do Big-Bang. A manchete era a seguinte: "Telescópio Robótico Confirma Suposição sobre o Nascimento do Universo". No passado, porém, o *Times* havia publicado muitas manchetes sobre descobertas que punham em questão outros pressupostos da teoria do Big-Bang. Alguns otimistas, entre os quais Stephen Hawking, acreditam que estamos perto de compreender o universo como um todo e próximos de chegar a

Esta fotografia, tirada no dia primeiro de abril de 1995 pelo Telescópio Espacial Hubble, mostra os pilares gasosos da M16, a Nebulosa da Águia. Esses pilares são colunas de poeira e hidrogênio interestelar frio, que funcionam como incubadoras de novas estrelas. Contêm glóbulos chamados GGE (de "glóbulos gasosos evaporantes"), que são embrionários num sentido mais literal, na medida em que contêm dentro de si os embriões de estrelas. Esses "embriões" podem ser postos a nu mediante um processo de erosão provocado pela luz ultravioleta que emana das gigantescas estrelas recém-nascidas que povoam a região. Assim, essas colunas espetaculares são pilares da criação de estrelas. Cortesia da NASA (Jeff Hester e Paul Scowen, Universidade Estadual do Arizona).

uma "grande teoria unificada". Porém, mesmo entre os defensores do Big-Bang, há muitos que suspeitam de que estamos apenas começando a compreender como o universo funciona e que, provavelmente, jamais chegaremos a desvendar os seus mistérios mais profundos.

Por enquanto, o Big-Bang é a teoria mais aceita. Não pode ainda ser considerada uma verdade.

⚛ Para Saber Mais

Ferris, Timothy. *The Whole Shebang*. Nova York: Simon & Schuster, 1997. Ferris é considerado o melhor escritor de divulgação científica em atividade hoje em dia, e este livro não o desmerece. É um pouquinho mais difícil de entender do que o anterior *Coming of Age in the Milky Way* [A Via-Láctea Chega à Idade da Razão], mas mesmo assim não oferece problemas de leitura. Leva o subtítulo de "A State-of-the-Universe(s) Report" ["Relatório sobre o Estado do(s)Universo(s)"] e trata de um grande número de questões cosmológicas, oferecendo uma apresentação particularmente equilibrada das controvérsias sobre o Big-Bang.

Boslough, John. *Masters of Time*. Reading, Massachusetts: Addison-Wesley, 1992. Embora o panorama geral tenha mudado um pouco desde a publicação deste livro, ele é até hoje a crítica mais clara da teoria do Big-Bang. Detalha as crises pelas quais a teoria passou na década de 1980 e reúne num só pacote as dúvidas de muitos cientistas, que são freqüentemente apresentadas em pequenas doses e não atraem a atenção dos meios de comunicação de massa. Boslough, jornalista especializado em ciências e dono de uma carreira de destaque, sublinha a perene pertinência da afirmação feita há muitos anos por J. B. S. Haldane: "O universo não só é mais estranho do que supomos, como também é mais estranho do que *podemos* supor." À semelhança do livro de Ferris, o de Boslough contém um glossário de termos muito útil.

Thuan, Trinh Xuan. *The Secret Melody*. Nova York: Oxford University Press, 1995. *Best-seller* na França, onde foi publicado originalmente (Thuan também foi professor em universidades norte-americanas), trata-se de um livro escrito com elegância por um astrônomo que aceita na íntegra a teoria do Big-Bang e o conceito de inflação. É ricamente ilustrado com tabelas, tem vários apêndices que tratam de modo mais detalhado dos aspectos matemáticos dessas teorias e dispõe de um glossário.

Mitchell, William C. *The Cult of the Big Bang: Was There a Bang?* Carson City, Nevada: Cosmic Sense Books, 1995. Trata-se de um livro singular, mas muito curioso. Publicado pelo próprio autor, um engenheiro elétrico que trabalhou em vários projetos da NASA, é um ataque frontal à teoria do Big-Bang. Embora o autor não tenha credenciais que a maioria dos físicos aceitaria, o livro não passou despercebido. Foi endossado por diversos cosmólogos que são eles mesmos contra o Big-Bang, entre os quais Halton C. Arp, do Instituto Max Planck, cuja oposição à teoria é discutida em todos os livros aqui mencionados.

Nota: Neste e em todos os demais capítulos, as fontes foram arroladas segundo a ordem de sua utilidade para que este livro fosse escrito. Levamos também em conta o seu potencial como leitura complementar.

2

COMO SURGIU A VIDA NA TERRA?

A Terra e a estrela em torno da qual ela gira entraram bem atrasadas no panorama cósmico. Nosso planeta formou-se há 4,6 bilhões de anos a partir dos resíduos do nascimento do Sol, ao passo que, para o universo como um todo, calcula-se uma idade de 11 a 16 bilhões de anos. Sem fugir à regra da formação de quase todos os planetas, os primórdios da Terra foram de uma violência que supera a nossa capacidade de imaginação; e, mesmo depois que o globo em si se formou, a superfície do nosso mundo permaneceu no estado líquido por mais 600 milhões de anos, superaquecida de dentro pelo núcleo terrestre e bombardeada de fora por asteróides que elevavam ao ponto de ebulição a temperatura dos oceanos. Os geólogos chamam esse período da história do planeta de Era Hadeana — uma época em que a Terra era um verdadeiro Hades, um inferno.

Depois que o bombardeio constante de asteróides acabou e os demais asteróides estabeleceram-se em órbitas que os impediam de chegar à Terra, várias combinações de carbono, nitrogênio, hidrogênio e oxigênio foram "formadas ao acaso para produzir aminoácidos e outros elementos básicos dos organismos biológicos". Explica Christian de Duve, ganhador do Nobel, no livro *Vital Dust*, de 1995: "Trazidos para a superfície pelas chuvas, cometas e meteoritos, os produtos dessas combinações químicas aleatórias constituíram progressivamente uma cobertura orgânica sobre a superfície morta do nosso planeta, recentemente condensado." Essa camada rica em carbono ficava exposta às ocorrências geológicas da própria Terra e aos objetos celestes que aqui caíam; estava sujeita ainda a uma radiação ultravioleta muito maior do que a que nos atinge hoje em dia depois de passar pela nossa atmosfera protetora. Esses materiais foram se depositando nos mares até que, no fim, como escreveu o brilhante cientista inglês J. B. S. Haldane num famoso artigo publicado em 1929, "o oceano primitivo adquiriu a consistência de uma sopa quente e diluída". O principal subproduto de todos esses processos foi uma substância marrom e pegajosa, que foi chamada de "gosma", "lama" e outros nomes que lembram os *playgrounds* onde as crianças brincam. Os que objetavam às afirmações de Charles Darwin, de que nós, seres humanos, somos aparentados aos chimpanzés e orangotangos, realmente ficaram doidos com esse último insulto — no começo, nós éramos lama!

Então, os mares eram semelhantes a uma sopa quente e havia toneladas de gosma por toda parte. Como é que a vida nasceu dessa matéria-prima? É aí que começa o mistério. Quase todos concordam em que o RNA — o ácido ribonucléico, um parente próximo do DNA que determina a nossa herança genética e a de todos os outros seres vivos — desempenhou um papel de destaque nesse processo. Não obstante, são inúmeros os debates sobre como, quando e onde a vida realmente começou. Vamos examinar rapidamente alguns dos problemas que têm incentivado tais debates.

Há muito tempo os biólogos e químicos acreditam que a vida teria demorado pelo menos um bilhão de anos para surgir depois que o planeta esfriou e terminou a grande chuva de asteróides, há cerca de 3,8 bilhões de anos. Segundo essa crença, portanto, a vida na Terra não tem mais do que 2,8 bilhões de anos. Porém, há vários indícios geológicos e mesmo fósseis que nos dão a entender que as bactérias já existiam muito antes disso. A Formação Isuan, da Groenlândia, composta das rochas mais antigas da Terra, datadas de 3,2 bilhões de anos atrás, contém carbono, o elemento básico de todas as formas conhecidas de vida, em taxas características da fotossíntese bacteriana. Muitos biólogos foram forçados a admitir que a vida bacteriana já devia existir nessa época recuadíssima — e que, nesse caso, organismos mais primitivos do que as bactérias já deviam existir em época ainda mais antiga. Bigir Rasmussen, geólogo da Universidade da Austrália Ocidental, encontrou em data mais recente fósseis de organismos filamentares microscópicos que existiam há 3,5 bilhões de anos na região de Pilbara Craton, no noroeste australiano, e também "prováveis" fósseis datados de 3,235 bilhões de anos atrás e encontrados em depósitos de rocha vulcânica no oeste da Austrália. Esses achados trazem consigo sérios problemas: as origens da vida teriam de ser recuadas para meros 200.000 anos após o fim da Era Hadeana, e esse tempo, aos olhos de muitos biólogos, parece curto demais para o desenvolvimento dos processos químicos necessários ao surgimento da vida.

A descoberta mais recente de Rasmussen, anunciada na *Nature* de junho de 1999, levanta um outro dilema. As biomoléculas essenciais à vida — proteínas e ácidos nucléicos, por exemplo — são relativamente frágeis e sobrevivem por mais tempo em temperaturas mais baixas. Por isso, muitos químicos têm insistido em que a vida deve ter tido início num ambiente frio, até mesmo abaixo do ponto de congelamento da água. Não obstante, Rasmussen descobriu os filamentos microscópicos em meio a um material que originalmente estava próximo de uma cratera vulcânica, ou seja, numa temperatura extremamente quente. Além disso, os organismos mais antigos que permanecem vivos até hoje são bactérias encontradas em crateras vulcânicas ou em nascentes cuja água chega a uma temperatura de 110ºC. A presença dessas antigas bactérias vulcânicas é um forte indício em favor do ambiente de alta temperatura sugerido por outros cientistas.

Um dos defensores da idéia do ambiente frio é Stanley L. Miller, que ficou famoso em 1953, quando realizou uma série de experiências na Universidade de Chicago. Era então um simples pós-graduando e estudava com o químico Harold C. Urey, ganhador do Prêmio Nobel. Urey ganhara esse prêmio pela descoberta do hidrogênio pesado, conhecido então como deutério. Na opinião dele, a atmosfera primitiva da Terra era composta de uma mistura de hidrogênio molecular, metano, amônia e vapor d'água, sendo particularmente rica em hidrogênio. (Repare que o oxigênio só estava presente como componente do vapor d'água. A própria existência da vida teria sido necessária para produzir oxigênio na atmosfera através da emissão de dióxido de carbono na fotossíntese, permitindo assim o desenvolvimento de formas biológicas mais complexas.) Miller fez uma mistura dos elementos propostos por Urey, selou-a num recipiente fechado e bombardeou-a por vários dias com descargas elétricas, simulando relâmpagos. Para sua surpresa, um brilho rosado surgiu no recipiente de vidro e, quando ele analisou os resultados, verificou a presença de dois aminoácidos (componentes das proteínas), bem como de outras substâncias orgânicas que, segundo se pensava, só eram produzidas por células vivas. Esse experimento, que Urey aprovara com muita relutância, não só deu fama a Miller como gerou toda uma nova disciplina, a da *química abiótica*, que tem por objeto a produção de substâncias biológicas a partir das condições que, segundo se presume, prevaleciam em nosso planeta antes que houvesse vida.

A expressão "presume-se" é crucial neste contexto. As idéias sobre a possível composição da atmosfera da Terra antes do desenvolvimento da vida não param de mudar e, muito embora um grande número de experimentos tenha sido realizado desde a experiência de Miller, em 1953, ninguém obteve nada que se possa chamar de "vida", muito embora se tenham produzido moléculas importantes de diversas espécies. Como observa de Duve em *Vital Dust*, esses experimentos, em sua maioria, foram realizados "em condições arquitetadas de modo um pouco mais específico do que se seria de esperar para um processo verdadeiramente abiótico. Nessa área, o experimento original de Miller continua sendo um paradigma, e foi praticamente o único concebido com o objetivo exclusivo de reproduzir condições pré-bióticas plausíveis, sem nenhuma intenção particular de obter um produto final específico." Em outras palavras, é muito fácil ajustar as condições de modo a garantir a obtenção de *um determinado* resultado, mas essas condições ajustadas podem ser um pouco convenientes *demais*. De qualquer modo, esses experimentos não produziram nenhuma forma de vida, nem mesmo a mais básica — uma única célula sem núcleo. Como disse Nicholas Wade no *New York Times* de junho de 2000, numa reportagem sobre a última descoberta de Rasmussen, "Os melhores esforços dos químicos para reconstruir moléculas biológicas em laboratório só serviram para mostrar que se trata de um problema de incrível dificuldade."

Portanto, as duas principais frentes de pesquisa que têm sido usadas para desvendar o enigma de como a vida começou a se desenvolver estão às voltas com grandes problemas. A data de surgimento da vida tem sido recuada cada vez mais, a tal ponto que não parece ter havido tempo suficiente para que ocorressem as mudanças químicas necessárias à criação da vida; e essas próprias reações químicas permanecem misteriosas como sempre foram. Com efeito, apesar de um progresso técnico extraordinário e de um conhecimento muito maior do material genético, o experimento de Stanley Miller, feito em 1953, continua sendo o exemplo mais puro desse tipo de pesquisa. Nem ele, porém, escapou às dúvidas e questionamentos, pois muitos cientistas agora acham que as proporções de elementos que ele usou, baseadas na obra de seu mentor Harold Urey, estavam incorretas. Testes de laboratório mostram que pequenas mudanças nesse equilíbrio impedem a produção dos aminoácidos.

Novas dificuldades vieram também obscurecer o panorama da evolução da vida, que no passado parecia evidenciado de uma vez por todas pelas "árvores genealógicas" da *filogenia*, que busca encontrar as raízes da história evolutiva dos organismos. As árvores genealógicas evolutivas, criadas segundo as idéias de Darwin, começaram a ser desenvolvidas no século XIX para mostrar a história de certos grupos de animais. A primeira árvore genealógica complexa foi desenhada pelo naturalista alemão Ernst Haeckel, que foi também o criador do termo *ecologia*. A descoberta do DNA nos habilitou a elaborar as árvores genealógicas não só de bichos e plantas, mas também do material genético do qual esses seres vivos são compostos, o que nos dá uma compreensão muito mais profunda dos processos da vida. Para criar essas árvores, os cientistas lançam mão do *seqüenciamento comparado*, que consiste na determinação da seqüência dos elementos moleculares (nucleotídeos) dos aminoácidos protéicos e na comparação dos resultados obtidos na análise de diferentes organismos. Essa técnica possibilitou que se descubra a distância entre dois ramos da árvore genealógica, tomada (essa distância) em relação ao organismo que deu origem a ambos os ramos mediante os mecanismos da evolução ou da mutação. (Foi essa técnica, aliás, que ajudou os pesquisadores a determinar a idade dos organismos ainda existentes que vivem no quentíssimo ambiente próximo das crateras vulcânicas.) Para entender a tarefa do seqüenciamento, o melhor talvez seja compará-la a um jogo de palavras no qual o jogador recebe uma palavra bem comprida e tem de descobrir quantas palavras menores é capaz de formar com aquela única palavra.

No final da década de 1970, Carl Woese, da Universidade de Illinois, aplicou técnicas de seqüenciamento comparado a moléculas de RNA, que existem em todos os seres vivos sem exceção, e chegou a uma árvore genealógica bem mais complexa do que todas as que tinham sido desenvolvidas até então. Essa árvore tinha três ramos bem distintos que delineavam os três reinos fundamentais dos seres vivos: os procariotes, os arqueanos e os eucariotes. Os *procariotes* são microorganismos de tipo bacteriano. Os *arqueanos*, a nova classificação proposta por Woese, são um segundo grupo de organismos bacterianos, encontrados geralmente em lugares muito quentes, como fontes de água fervente. Os *eucariotes* são organismos compostos de células grandes e de núcleo delimitado. Esse ramo compreende todos os organismos multicelulares: os vegetais e os animais, seres humanos inclusive.

Desde o início da década de 1980, porém, com a decodificação dos genomas de mais organismos dos três reinos, a questão ficou um pouco mais nebulosa. O padrão de desenvolvimento das árvores, deduzido da análise de genes diferentes dos testados por Woese, é muito diferente do esperado. Além disso, novos genes foram descobertos — genes surpreendentes, até inesperados. Essa variação torna extremamente complicada a tarefa de reduzir esses genes a ancestrais comuns. E, o que é pior, dá a entender que o gene primordial — o princípio da vida — era extremamente complexo, muito mais complexo do que se supunha deveria ser o primeiro gene. A única solução plausível para esse problema consiste em supor que, em vez de sempre se dividir e diferenciar no sentido ascendente, constituindo uma árvore vertical, alguns genes foram trocados horizontalmente nos primeiros estágios de desenvolvimento da vida. Essa idéia é corroborada pelo fato de que, até hoje, as bactérias são capazes de transmitir horizontalmente certos genes, entre os quais, infelizmente, aqueles que as tornam resistentes aos antibióticos. Segundo essa teoria, a árvore genealógica dos organismos vivos não teria um tronco único e bem retinho, mas sim uma base semelhante a uma pintura de Jackson Pollock. Isso é desestimulante, no mínimo.

Carl Woese, porém, não se deixou desencorajar e aventou a hipótese de que o suposto organismo unicelular que teria dado origem à vida consistia, na verdade, numa espécie de comunidade de organismos na qual diversas espécies de células intercambiavam horizontalmente seu material genético de maneira bastante "promíscua". Essa suposta promiscuidade incomoda alguns cientistas, pois dá a entender que foi só em época mais recente que as células desenvolveram o alto grau de precisão na reprodução celular que vemos no DNA. A certa altura, a aldeia de células deve ter se tornado uma grande e desenvolvida cidade, na qual cada casa tinha um projeto diferente — mas quando foi que isso aconteceu?

Atualmente, os especialistas situam em datas drasticamente diversas o ponto em que as belas árvores formadas pelo DNA começaram a soltar seus ramos na vertical — datas que vão desde um bilhão de anos atrás até a clássica data de quase 4 bilhões de anos atrás. Como ocorreu com a teoria do Big-Bang sobre a origem do universo, as teorias sobre a origem da vida na Terra foram se tornando mais complicadas à medida que as novas descobertas e equipamentos de pesquisa aumentaram a quantidade de conhecimentos. Por isso, outras explicações do surgimento da vida na Terra, desde há muito condenadas como excessivamente fantasiosas, começam de novo a angariar adeptos.

Será que a vida chegou ao nosso planeta vinda do espaço sideral? É certo que os asteróides, meteoritos e cometas contêm elementos essenciais que fazem parte dos fatores básicos da vida, e, em geral, todos concordam que a vida na Terra surgiu de uma combinação desses materiais — os que já estavam no planeta e os que vieram do espaço. Porém, os elementos básicos são uma coisa, e a vida em si mesma é outra. Alguns cientistas de renome propuseram a idéia de que a vida já chegou aqui plenamente formada, vinda do espaço sideral — não só os fatores básicos da vida, mas a vida em si mesma. Ainda em 1821, Sales-Guyon de Montlivault afirmou que as primeiras formas de vida sobre a Terra haviam vindo da Lua, idéia essa que recebeu nova força — mas tendo por corpo celeste originador o planeta Marte — no ano de 1890, quando o astrônomo norte-americano Percival Lowell (que depois previu com precisão a existência do planeta Plutão) fez questão de afirmar que o planeta vermelho era todo marcado por aparentes canais que poderiam ter sido escavados por seres inteligentes. William Thomson (Lorde Kelvin), que criou a escala de temperatura Kelvin, propôs no final do século XIX que os meteoritos tinham trazido a vida à Terra.

Ninguém ficou tão obcecado por essas idéias quanto Svante August Arrhenius, o químico sueco que ganhou o Prêmio Nobel de 1903 pelo trabalho que lançou os fundamentos da eletroquímica. Segundo sua *teoria da panesper-*

mia, esporos bacterianos seriam capazes de viajar por enormes distâncias no frio do espaço sideral num estado de hibernação, prontos para voltar à vida assim que encontrassem um planeta habitável. Arrhenius não tinha ciência do problema da radiação cósmica, que é mortal. Fred Hoyle apresentou uma variação da idéia da panespermia, associando-a à sua teoria do estado constante do universo, discutida no Capítulo 1. Chegou a afirmar que epidemias como a da gripe espanhola de 1918 teriam sido causadas por bactérias vindas do espaço, e que o nariz do homem havia sido desenvolvido para impedir a entrada dessas doenças espaciais no organismo. Francis Crick (que ganhou o Nobel de Fisiologia ou Medicina de 1962, junto com James Watson e Maurice Wilkins, pela descoberta da dupla hélice do DNA) uniu-se a Leslie Orgel, pioneiro da química pré-biótica, para ir ainda mais longe e sugerir que a vida teria sido "semeada" na Terra por uma avançada civilização alienígena. Chamaram essa hipótese de "panespermia dirigida".

Os fanáticos por OVNIs, como seria de se esperar, adoraram a idéia de ter do seu lado um homem como Crick, ganhador do Prêmio Nobel — e os escritores de ficção científica sempre se valeram de idéias desse tipo. Os canais marcianos de Lowell inspiraram em parte o famoso romance *The War of the Worlds* [*A Guerra dos Mundos*], de H. G. Wells, publicado em 1898. É verdade que muitos cientistas de ponta zombam da idéia da panespermia, dirigida ou não, mas outros são mais cuidadosos. Christian de Duve escreve: "Com defensores tão distintos, a teoria da panespermia não pode ser descartada sem que lhe demos a devida consideração." Porém, ele mesmo observa em seguida que até agora ninguém obteve provas convincentes da validade dessa teoria. Ele chegou a essa conclusão em 1995; porém, no ano seguinte, a NASA convocou uma entrevista coletiva que gerou manchetes nos jornais do mundo inteiro.

O anúncio da NASA dizia respeito a uma rocha encontrada na Antártica em 1984. A rocha fazia parte de um grupo de fragmentos de meteoritos chamados SNCs (pronuncia-se *snicks*), sigla de Shergotty-Nakhla-Chassigny, os locais onde os primeiros fragmentos desse tipo foram encontrados. Na coletiva, a rocha em questão foi exposta sobre uma almofada de veludo azul, e o chefe da NASA, Dan Goldin, abriu a entrevista dizendo: "Hoje, estamos a ponto de saber com certeza se só existe vida no planeta Terra" — uma frase excelente para chamar a atenção dos jornalistas.

Então, os cientistas da NASA disseram o que sabiam com certeza sobre a rocha. Os testes haviam deixado claro que ela se formara no planeta Marte há 4,5 bilhões de anos. Permanecera sob a superfície de Marte por cerca de meio bilhão de anos, mas, quando meteoritos romperam a superfície do planeta, ficou exposta à água. Há cerca de 16 milhões de anos passou por outra experiência: o impacto de um objeto vindo de fora do planeta, talvez um asteróide, mandou para o espaço uma parte da crosta de Marte. Depois de vagar pelo espaço por milhões de anos, esse pedaço da crosta de Marte caíra na Terra, na Antártica, há meros 16.000 anos. Ainda em 1957, num romance chamado *The Frozen Year* [O Ano Congelado], o escritor James Blish, especialista em ficção científica, fez girar sua história em torno de uma rocha encontrada no Ártico, a qual se revela um vestígio de um planeta destruído pelos marcianos numa guerra entre dois mundos. O herói exclama: "A história do cosmos num cubo de gelo!" As informações apresentadas na entrevista coletiva oferecida pela NASA foram um pouco menos dramáticas, muito embora os jornais tenham feito o possível para inflá-la.

A rocha da NASA continha carbonatos semelhantes aos que se formam na Terra em decorrência da atividade bacteriana. Encontraram-se nela, além disso, partículas mínimas de sulfito de ferro e outros minerais semelhantes aos produzidos pelas bactérias. Por fim, um microscópio de varredura de elétrons revelou minúsculas estruturas que poderiam ser os fósseis de bactérias marcianas — estavam muito lá no fundo da rocha para ter-se formado na Terra. Para não se comprometer, a NASA tinha na sala um cientista pronto para dizer que as estruturas eram muito pequenas para ser bactérias e que os carbonatos aparentemente haviam sido criados numa temperatura muito alta para todas as formas de vida. O ceticismo dele não impediu, porém, que os jornais publicassem, no dia seguinte, manchetes enormes falando da "VIDA EM MARTE!"

De lá para cá, os cientistas têm debatido a questão com uma linguagem técnica o suficiente para assustar qualquer jornalista. A questão poderia ser decidida se os minúsculos fósseis pudessem ser abertos. Caso se encontrassem vestígios de células ou, melhor ainda, de divisão celular, teríamos uma resposta. Infelizmente, porém, as técnicas necessárias para uma tal investigação ainda não foram perfeitamente desenvolvidas. Quando vier a resposta, e mesmo que seja positiva, muitos cientistas certamente vão dizer que ela só prova que já houve bactérias no planeta Marte, como há no nosso planeta. A descoberta de vida bacteriana em Marte não serviria para provar que a vida originara-se em Marte e viera para a Terra (ou vice-versa), nem seria prova de que a teoria da panespermia está correta. Não obstante, já não seria possível dizer que não existem indícios que permitam que se considere a hipótese da panespermia.

Pode ser que, em 2015, surjam mais indícios, de caráter ainda mais dramático, acerca da presença de vida em nosso sistema solar. A sonda que a NASA quer lançar para explorar Europa, uma das luas de Júpiter, a qual tem uma superfície congelada que sugere a existência de água em grandes profundidades, pode confirmar que a vida é mais comum no universo do que supõem os cien-

Este fragmento de meteorito (chamado SNC — "snick") foi revelado à imprensa pela NASA em agosto de 1996. Encontrado no gelo da Antártica em 1984, foi submetido por mais de dez anos a testes que revelaram que ele tinha vindo do planeta Marte. Formado há 4,5 bilhões de anos, foi levado à superfície do planeta e depois lançado no espaço pelo impacto de um asteróide há cerca de 16 milhões de anos. Dentro da rocha havia materiais que poderiam ser os remanescentes fossilizados de bactérias marcianas, dando a entender que a vida tal como a conhecemos não existe exclusivamente na Terra. Cortesia da NASA.

tistas conservadores. Em anos recentes, ficamos sabendo que a vida existe na Terra em temperaturas desde há muito consideradas hostis a todos os tipos de organismos biológicos. Caso se encontrasse alguma forma de vida nos mares subsuperficiais de Europa, o conceito da panespermia alcançaria um novo grau de seriedade. Complicar-se-iam, além disso, os esforços dos cientistas para identificar as origens da vida em nosso planeta, esforços esses que atualmente encontram-se obstaculizados em dois campos: as abordagens teóricas ficaram confusas com as provas cada vez mais explícitas de que, no começo, a vida teria sido baseada numa troca lateral de genes; ao mesmo tempo, os experimentos de laboratório programados para criar formas de vida a partir de combinações químicas redundaram no mais absoluto fracasso. O estado da busca pela compreensão dos primórdios da vida na Terra é muito bem resumido na manchete do caderno "Science Times" do New York Times de 13 de junho de 2000, que falava sobre a descoberta dos novos fósseis na Austrália: "As Origens da Vida Ficam Mais Confusas e Mais Obscuras".

❊ Para Saber Mais

de Duve, Christian. *Vital Dust*. Nova York: Basic Books, 1995. De Duve dividiu o Prêmio Nobel de Fisiologia ou Medicina de 1974 com Albert Claude e George Palade por suas descobertas relativas à organização estrutural e funcional da célula. Trata-se de um cientista que conhece muito bem a sua área e escreve com grande clareza. Tem também a notável disposição de apresentar com imparcialidade as teorias com as quais pessoalmente não concorda, oferecendo-nos um livro de grande profundidade e abrangência.

Fortey, Richard. *Life*. Nova York: Knopf, 1998. Subtítulo: "A Natural History of the First Four Billion Years of Life on Earth" ["História Natural dos Primeiros Quatro Bilhões de Anos da Vida na Terra"]. *Life* ganhou um prêmio de qualidade de um clube de leitores dos Estados Unidos e, como seria de se esperar, é um livro para ser lido, não para ser estudado. Fortey é um paleontólogo de renome e o livro contém boas informações científicas (especialmente referentes ao campo dele), mas ele não hesita em gastar uma página para discutir o *Middlemarch* de George Eliot ou os filmes de terror hollywoodianos do tipo "bolha assassina", sem porém jamais fugir ao seu tema. Trata-se de um livro gostoso de ler, que dará muitos conhecimentos ao leitor leigo.

Margulis, Lynn, e Dorion Sagan. *Microcosmos*. Berkeley e Los Angeles: University of California Press, 1997. Este livro foi publicado originalmente em 1986, o que significa que não trata de alguns dos debates mais recentes. Porém, o fato de ter sido reeditado em 1997 é um testemunho da sua força. O livro recebeu críticas excelentes quando foi lançado pela primeira vez. Lewis Thomas, autor de *Lives of a Cell*, escreveu a introdução, na qual diz que *Microcosmos* é um livro "extraordinário" para o leitor leigo — e ele está certo.

Shopf, J. William. *The Cradle of Life*. Princeton: Princeton University Press, 2000. Este livro entra de chofre nos debates atuais sobre o assunto, às vezes com espírito polêmico. Shopf tem dúvidas, por exemplo, acerca do carbono processado na formação da rocha Isuan, da Groenlândia. Trata-se de um livro dirigido a leitores dotados de alguns conhecimentos científicos e que queiram acompanhar os últimos argumentos do debate.

3

O QUE CAUSA AS EXTINÇÕES EM MASSA?

Estima-se que alguns tipos de vida, mesmo sob a forma de bactérias unicelulares, existem no nosso planeta há pelo menos 3,5 bilhões de anos. Esse período corresponde a cerca de 20 a 25% da idade provável do universo (acompanhe no Capítulo 18 o debate sobre *essa* questão). Isto é impressionante, mas o fato é que quase 3 bilhões de anos tiveram de passar-se depois do surgimento inicial da vida para que as formas vivas começassem a diversificar-se. Como diz sucintamente o famoso paleontólogo David M. Raup no livro *Extinction*, de 1991, "A evolução orgânica explodiu" por volta de 600 milhões de anos atrás. De lá para cá, de 5 a 50 bilhões de espécies diferentes vieram à luz — a incerteza acerca desse número nos mostra o quão limitado é o nosso conhecimento. Algumas dessas espécies, como o trilobita (um bicho semelhante a uma lagosta), conseguiram sobreviver de uma forma ou de outra por centenas de milhões de anos, mas 99,9% de todas as espécies que já viveram sobre a Terra acabaram por extinguir-se. Não se trata de uma taxa apreciável de sobrevivência. O que aconteceu com os bilhões de espécies que agora estão extintas?

Não é difícil saber o que ocorreu com algumas espécies desaparecidas em épocas recentes: nós, seres humanos, cuidamos de eliminá-las com a máxima eficiência. Para dar apenas um exemplo, havia milhões de pombos selvagens nos Estados Unidos no século XIX — a tal ponto que os bandos desses pássaros conseguiam, às vezes, fazer escurecer o dia. Para azar deles, porém, sua carne era gostosa e suas penas começaram a ser usadas para fazer chapéus para mulheres, de modo que, em 1914, o último membro da espécie morreu num jardim zoológico. Criaturas mais exóticas, como o dodo, já pouco numerosas desde o início, foram caçadas até a extinção no século XVII, e acredita-se que o mamute peludo encontrou esse mesmo destino nas mãos dos caçadores paleolíticos antes da última glaciação. Atualmente, segundo os biólogos e botânicos, milhões de espécies animais e vegetais — a maioria das quais nem sequer chegou a ser catalogada — estão sendo extintas à medida que avança a destruição das florestas tropicais da América do Sul. Tudo isso nos dá a entender que, de todas as criaturas vivas que já caminharam sobre a Terra, o homem é a única que teve a capacidade de levar à extinção numerosas outras espécies.

Esse fato lamentável, porém, não explica senão uma mínima porcentagem das extinções que ocorreram no decorrer das eras. Não faz muito tempo que nós existimos para cometer tais crimes, e bilhões de espécies desapareceram sem nenhuma ajuda nossa. As duas principais correntes de pensamento que tentam explicar por que as extinções são fenômenos tão comuns foram resumidas no subtítulo do livro de Raup, já mencionado — *Extinction: Bad Genes or Bad Luck?* ["Extinção: Genes Ruins ou Falta de Sorte?"].

Nos 140 anos que se passaram desde a publicação das teorias de Charles M. Darwin, a teoria dos genes ruins predominou. A Terra se encontra em permanente mutação, suas massas terrestres movem-se quase imperceptivelmente para formar novos continentes, seu clima esquenta e esfria em intervalos mais ou menos regulares e até mesmo seu campo magnético sofre inversões completas; por isso, os resultantes terremotos, erupções vulcânicas, glaciações e ondas de calor tropical constituem desafios para todas as criaturas vivas. As criaturas dotadas de flexibilidade genética suficiente para adaptar-se a tais mudanças teriam, naturalmente, mais chances de sobreviver, ao passo que os seres de estrutura genética menos flexível — que, são, muitas vezes, os organismos maiores e mais complexos — não sobreviveriam. Além disso, à medida que uma espécie vai adquirindo eficiência genética no decorrer de um longo período, seus antepassados menos adaptados tendem gradualmente a extinguir-se, mesmo sem a pressão adicional das grandes mudanças ambientais. Até um primitivo habitante dos mares teria uma vantagem sobre criaturas semelhantes se desenvolvesse a capacidade de absorver alimentos microscópicos com mais eficiência do que a espécie a partir da qual evoluiu. A adaptabilidade — a "sobrevivência dos mais aptos" — parecia, assim, aos olhos de muitos cientistas, suficiente para explicar a maioria dos casos de extinção.

No decorrer do tempo, porém, à medida que o registro fóssil revelou mais fatos sobre a história da vida na Terra, os cientistas foram vislumbrando cada vez mais problemas nessa teoria. A teoria da evolução, por si, não é capaz de explicar as cinco extinções em massa que já aconteceram, nas quais a grande maioria das formas de vida então existentes foram dizimadas. É assim que, nos últimos cinqüenta anos, um número cada vez maior de cientistas converteu-se para a hipótese da "falta de sorte", segundo a qual as extinções em massa são causadas por acontecimentos catastróficos raros, de natureza e magnitude suficientes para devastar o planeta inteiro. Antes de discutir os indícios que nos permitem postular a ocorrência dessas catástrofes, vamos examinar rapidamente as cinco extinções em massa que ocorreram no planeta nos últimos 500 milhões de anos.

Ocorreu uma extinção em massa em cada um dos seguintes períodos do tempo geológico: o Ordoviciano, o Devoniano, o Permiano, o Triássico e o Cretáceo (ver tabela). Isso nos deixa outros seis períodos que não foram marcados por extinções em massa, embora não haja dúvida de que algumas extinções ocorreram no decorrer dos 600 milhões de anos do período chamado Fanerozóico, caracterizado pela existência de formas complexas de vida na Terra. As únicas formas de vida que existiam no período Ordoviciano, que foi de 505 a 440 milhões de anos atrás, habitavam os oceanos do mundo. Foi só no período Devoniano, de aproximadamente 410 a 360 milhões de anos atrás, que as plantas passaram a existir em terra firme, onde multiplicaram-se rapidamente. A partir do Permiano, cerca de 286 milhões de anos atrás, os vertebrados, grandes e pequenos, começaram a viver em terra. Desde o Permiano já havia répteis e mamíferos, mas os mamíferos diversificaram-se muito no período seguinte à extinção dos dinossauros, há 65 milhões de anos.

No livro *Wonderful Life*, publicado em 1989, e em outros textos, Stephen Jay Gould deixa claro que a divisão da Era Fanerozóica em categorias distintas, como a Era dos Peixes, a Era dos Répteis e a Era dos Mamíferos, é demasiado simplista. Depois que o mar e a terra foram ocupados por criaturas biologicamente complexas, sempre ocorreu de diversas formas de vida coexistirem. Nossa fascinação pelos dinossauros pode nos levar a usar expressões como "na época em que os dinossauros dominavam a Terra", mas a verdade é que esse domínio jamais aconteceu, apesar do enorme tamanho alcançado por alguns daqueles répteis. Só havia cerca de cinqüenta espécies de dinossauros, ao passo que hoje há pelo menos 150 espécies de esquilos; e nós nunca dizemos que os esquilos dominam a Terra, muito embora eles possam fazer grandes estragos em nosso quintal. Também não afirmamos que a Terra é dominada pelos maiores mamíferos terrestres, os elefantes, cujo número vem caindo rapidamente. Na verdade, o tamanho não significa muita coisa. Além disso, se fôssemos nos guiar pelos números, teríamos de dizer que são os insetos que dominam a Terra, e isso desde o Permiano. O mais correto é dizer que a diversidade domina a Terra — uma diversidade que os seres humanos têm conseguido diminuir, apesar de a continuidade da nossa própria vida depender dela.

Períodos Geológicos

As extinções em massa estão marcadas com um *

(maa = milhões de anos atrás)

Idade Fanerozóica (544 maa até hoje)	Era Cenozóica (65 maa até hoje)	**Quaternário** (1,8 maa até hoje)
		   Holoceno (11.000 anos atrás até hoje)
		   Pleistoceno (1,8 maa até 11.000 anos atrás)
		Terciário (65 a 1,8 maa)
		   Plioceno (5 a 1,8 maa)
		   Miloceno (23 a 5 maa)
		   Oligoceno (38 a 23 maa)
		   Eoceno (54 a 38 maa)
		   Paleoceno (65 a 54 maa)

	Era Mesozóica (245 a 65 maa)	**Cretáceo** (146 a 65 maa)* **Jurássico** (208 a 146 maa) **Triássico** (245 a 208 maa)*

	Era Paleozóica (544 a 245 maa)	**Permiano** (286 a 245 maa)*
		Carbonífero (360 a 286 maa)
		   Pensilvaniano (325 a 286 maa)
		   Mississipiano (360 a 225 maa)
		Devoniano (410 a 360 maa)*
		Siluriano (440 a 410 maa)
		Ordoviciano (505 a 440 maa)*
		Cambriano (544 a 505 maa)
		   Tomotiano (530 a 527 maa)

Idade Proteozóica	Era Pré-Cambriana (4.500 a 544 maa)	
Idade Arqueozóica	Primórdios da vida complexa, há aproximadamente 600 milhões de anos	

Embora a Terra jamais tenha sido dominada por uma única classe de animais, acontece de certas formas de vida serem destruídas para sempre durante as extinções em massa, como ocorreu com os dinossauros. Além disso, quase todos aceitam a idéia de que a extinção em massa que acabou com os dinossauros e com muitas outras espécies serviu também para permitir que os mamíferos aumentassem de tamanho e que uma família dentre eles seguisse o caminho evolutivo que culminou no ser humano. Alguns cientistas acreditam que, se os dinossauros não tivessem sido extintos, poderiam ter evoluído e se transformado em seres bípedes, eretos e dotados de uma inteligência tão grande quanto a nossa, ou ainda maior. Existem alguns indícios de que certos dinossauros de menor porte já estavam a caminho de poder andar eretos sobre duas pernas. Outros especialistas, porém, encaram essa teoria com ceticismo. Afirmam que os dinossauros já existiam havia muito tempo e quase não haviam progredido rumo ao bipedalismo, ao passo que os primatas evoluíram rápido — relativamente, é claro — para tornar-se humanos.

Deixando de lado essas especulações, a extinção dos dinossauros está no centro de todos os debates atuais acerca do que causa as extinções em massa. E isso acontece por dois motivos: em primeiro lugar, o fascínio popular pelos dinossauros é grande e já dura 150 anos, desde que a palavra "dinossauro" foi criada pelo inglês Richard Owen, em 1842; e, em segundo lugar, foram os dinossauros que desapareceram na última das cinco grandes extinções já ocorridas, e os seus 140 milhões de anos de existência contam com um testemunho fóssil muito maior e melhor do que o da maioria das formas de vida extintas em períodos anteriores.

O acesso a um número maior de informações acerca de uma espécie extinta (ou de um gênero constituído por várias famílias de espécies) inevitavelmente faz com que essas informações sejam estudadas por um número maior de cientistas com especializações diversas. Além disso, embora as idéias sobre os dinossauros tenham mudado muito no decorrer das últimas décadas do século XX e o assunto todo ainda esteja cercado de mistérios (ver o Capítulo 6), essas criaturas levam consigo um fascínio que atraiu a atenção de cientistas formados em campos que aparentemente nada têm a ver com o estudo dos dinossauros. Dentre os que participaram dos debates a respeito desse tema, aquele cuja especialização científica era aparentemente mais estranha — e que, por esse mesmo motivo, causou mais tumulto — foi Luiz W. Alvarez, físico ganhador do Prêmio Nobel, membro do Instituto de Tecnologia da Califórnia. As teorias que ele desenvolveu junto com seu filho Walter, um geólogo, abalaram o campo do estudo dos dinossauros na década de 1970 e reverberam até hoje, tendo determinado todo um novo modo de pensar acerca das extinções em massa consideradas em geral.

Em 1973, Walter Alvarez e um grupo de geólogos estavam escavando uma área nos arredores de Gubbio, no norte da Itália, em busca de indícios das inversões do campo magnético terrestre — fenômeno que, por razões desconhecidas, ocorre mais ou menos uma vez a cada milhão de anos. Em Gubbio, Walter Alvarez encontrou uma camada de argila quase desprovida de fósseis encravada entre duas camadas calcárias cheias de vestígios dos seres do passado. Interessou-se pelo fato de que a camada de argila coincidia, no tempo, com o final do período Cretáceo, em que desapareceram os dinossauros. (Esse período específico é freqüentemente chamado de "fronteira K-T". A letra K representa a palavra alemã *Kreide*, que significa "Cretáceo", e a T é uma abreviação de "Terciário".) Em 1977, Walter voltou aos Estados Unidos e levou consigo algumas amostras dessa camada de argila, sobre as quais conversou com seu pai, o físico Luiz Alvarez.

Luiz Alvarez ganhara o Prêmio Nobel de Física de 1968 pelo desenvolvimento da câmara esférica de hidrogênio líquido, que usou para identificar numerosas partículas de curta existência chamadas de "ressonâncias". Era, porém, um homem de muitos interesses e realizações. Trabalhara, por exemplo, no Projeto Manhattan, que desenvolveu a bomba atômica, e inventara um sistema de orientação por radar para auxiliar no pouso das aeronaves. As amostras de argila de Gubbio intrigaram-no e levaram-no a testar a composição geoquímica delas. Em 1978, obteve mais algumas amostras e descobriu que, naquela argila, a concentração do elemento irídio era pelo menos 30 vezes maior do que nas camadas calcárias acima e abaixo dela. O irídio é um elemento raro na superfície da Terra, mas é comum nos meteoritos. A concentração de irídio na argila do final do Cretáceo era impressionante.

Luiz Alvarez elaborou diversas explicações possíveis. Quem sabe, uma supernova nas proximidades da nossa galáxia explodira e depositara resíduos de irídio na Terra naquele período — mas não havia indícios para corroborar essa suposição. Luiz e Walter Alvarez voltaram-se então para outra idéia: a de que um grande meteorito teria colidido com a Terra. Esse meteorito teria de ter pelo menos 10 quilômetros de diâmetro para criar uma nuvem de poeira grande o suficiente para cobrir a Terra por vários anos e fazer diminuir a luz solar a ponto de afetar largamente a vida vegetativa, quer na terra, quer nos mares. Nesse caso, o resultante colapso da cadeia alimentar poderia explicar não só a extinção dos dinossauros como também a de muitas outras espécies que desapareceram naquela época.

A teoria dos Alvarez foi publicada na revista *Science* em junho de 1980. Atendia aos requisitos de dramaticidade que fazem com que uma teoria seja divulgada pela imprensa popular ("Um Meteorito Matou os Dinossauros!"), fato que só fez aumentar a má vontade dos céticos pertencentes a vários ramos da ciência. Boa parte dos geólogos, em particular, não aceitaram a idéia, pois já haviam desenvolvido sua própria teoria, que tinha por fator fundamental um grande número de erupções vulcânicas — que também poderiam ter criado nuvens de poeira capazes de tampar a luz do Sol. Na opinião de outros cientistas, porém, a teoria era plausível e, o que era mais importante, podia ser posta à prova. Será que se poderiam encontrar outros depósitos de irídio em diversos pontos do globo para confirmar as descobertas de Gubbio? Haveria uma cratera grande o suficiente, e antiga o suficiente, para provar que um tal meteorito de fato atingira a Terra?

Em cerca de dois anos, a presença do irídio em camadas geológicas correspondentes àquela época foi confirmada nos mais diversos lugares, mas outros cientistas começaram a fazer novas perguntas. Num determinado estudo, puseram em questão a hipótese de que o irídio pudesse ter permanecido na atmosfera por tempo suficiente para ser disperso pelo planeta inteiro a partir de um único ponto de impacto. Desenvolveram-se então modelos de computador para provar que uma "dispersão balística" do irídio teria sido possível. À medida que os debates prosseguiam, um problema maior se destacava: onde estava a necessária cratera? Nenhuma das grandes crateras terrestres tinha o tamanho e a idade correspondentes às da teoria. Mas, em 1989, oceanógrafos que mapeavam o litoral norte da Península de Yucatán, no México, encontraram uma cratera subaquática. Essa cratera — chamada Cratera de Chicxulub — foi medida e, em 1993, anunciou-se que tinha um diâmetro de 180 quilômetros, maior do que todo o estado norte-americano da Virgínia Ocidental. Era, com efeito, a maior cratera conhecida de todo o sistema solar. Além disso, as medições deixaram claro que ela tinha se formado há 65 milhões de anos, ou seja, bem na época da extinção em massa que dizimou os dinossauros. O material coletado na cratera foi testado por mais quatro anos e, em 1997, outros pesquisadores concluíram que as concentrações de irídio e de outros elementos eram coerentes com as descobertas geológicas feitas em Gubbio, na Dinamarca e na Nova Zelândia e anunciadas em 1980 por Luiz Alvarez, Walter Alvarez e seus colegas Frank Asaro e Helen Michel, ambos químicos. A essa altura, a maioria dos cientistas aceitou que o impacto de um meteoro havia desempenhado um papel importante no processo de extinção dos dinossauros. Essa mesma conclusão foi fortalecida por estudos publicados em novembro de 1996, segundo os quais o meteoro de Yucatán teria se chocado com a Terra num ângulo agudo, criando assim uma gigantesca tempestade de fogo sobre a América do Norte.

Essa conclusão não acarretou, porém, o fim dos grandes debates sobre as extinções em massa. Alguns cientistas, entre os quais David Raup, concluíram que o mecanismo físico das extinções em massa estava desvendado. Os cientistas em geral não tinham a esperança de encontrar crateras cuja data de formação coincidisse com as anteriores extinções em massa: as mudanças na superfície da Terra, no decorrer de milhões de anos, teriam inevitavelmente apagado todos os vestígios dos impactos ocorridos na época das outras extinções. No decorrer do século XX, a descoberta da migração dos continentes nos deu indícios da existência de um único supercontinente há 200 milhões de

O tamanho da cratera de Chicxulub, formada por um asteróide há 65 milhões de anos, foi subestimado por muito tempo, pois quase metade da cratera fica debaixo das águas do mar e a maior parte das suas marcas distintivas em terra foram erradicadas pela erosão e pelas mudanças de forma sofridas pela Península de Yucatán no decorrer das eras. Uma vez determinadas a sua plena extensão (180 quilômetros de diâmetro) e a sua idade, ela serviu de reforço para a teoria de que a extinção dos dinossauros foi causada pelo catastrófico impacto de um asteróide. Cortesia do Instituto Geológico dos Estados Unidos.

anos, chamado Pangéia; e não só isso, mas também de que esse supercontinente se formara dos pedaços de um supercontinente anterior, chamado Rodínia. A epopéia das transformações ocorridas na superfície terrestre poderia explicar a ausência de outras crateras tão evidentes quanto a de Chicxulub.

Apesar de todas essas descobertas e inferências, a idéia de que as cinco extinções em massa ocorridas nos últimos 500 milhões de anos teriam sido causadas por meteoros suscitou oposição. Os cientistas que encararam com certo ceticismo a primeira hipótese, que dizia respeito só à extinção dos dinossauros, sentiram-se tentados a levantar a voz contra a nova sugestão. Esses cientistas estavam dispostos a admitir que o impacto de um meteoro desempenhara um papel na extinção dos dinossauros, mas não que fora a única causa desse fenômeno. O planalto ocidental da Índia é cheio de grandes depósitos de lava, chamados de Armadilhas de Deca, e vários cientistas afirmam que esse aumento da atividade vulcânica teria produzido condições atmosféricas tão terríveis quanto o impacto de um meteoro. A datação das Armadilhas de Deca é um pouco problemática, mas alguns especialistas afirmam que a combinação do aumento da atividade vulcânica com a queda de um meteoro teria sido suficiente para mudar o panorama geral da Terra. Outros especialistas, que seguem outra linha de raciocínio, insistem em que os dinossauros extinguiram-se mais rápido na América do Norte do que em outras partes do mundo, uma vez que é nessa parte do continente americano que os efeitos do impacto do meteoro de Yucatán teriam sido maiores. Segundo ainda outro ponto de vista, os dinossauros já estariam começando a desaparecer antes da queda do meteoro, e teriam sumido mesmo que esse acontecimento catastrófico não tivesse apressado o seu desaparecimento. Esta última perspectiva vincula-se à idéia de que a maior parte dos dinossauros tinha se tornado grande demais, de modo que pequenas mudanças no meio ambiente bastariam para criar uma escassez de alimentos. Segundo esse mesmo modo de pensar, os dinossauros menores já estavam evoluindo e transformando-se em animais mais semelhantes aos répteis atuais e às aves.

A idéia de que alguns dinossauros haviam atingido um tamanho excessivo, ao passo que outros estariam transformando-se em novas espécies, dá apoio à teoria da extinção pelos genes ruins. O excesso de tamanho seria, segundo essa análise, uma característica genética ruim, pois faz aumentar a vulnerabilidade às mudanças ambientais, ao passo que as espécies menores teriam sido mais capazes de adaptar-se no decorrer do tempo. O próprio David Raup admite que sempre ocorreu de certas espécies extinguirem-se em virtude de problemas genéticos próprios da espécie. Tais problemas vão de doenças que afetam somente uma espécie, ou um pequeno número de espécies, até mudanças ambientais que se mostraram fatais para espécies fortemente adaptadas a condições climáticas e terrestres muito estreitas. Ambos esses problemas evidenciam-se na nossa própria época nos casos de certas espécies em perigo, como a biguatinga (destruição do hábitat) ou a pantera da Flórida (deformação hereditária dos órgãos sexuais). Raup acredita que até os trilobitas foram afetados por genes ruins. Seis mil espécies de trilobitas foram encontradas em fósseis do período Cambriano; o número de espécies diminui radicalmente nas duas extinções posteriores em massa e o gênero trilobita desaparece por completo no final da Era Paleozóica, 325 milhões de anos depois.

Os argumentos de Raup, porém, são fortes o suficiente para nos persuadir de que os problemas genéticos não explicam o desaparecimento de um enorme número de espécies nos processos de extinção em massa. Nessas situações, deve ter acontecido algo que matou não só as espécies de genes ruins, mas também as de genes bons. O próprio Raup assume a responsabilidade pelo cálculo de que 96% de todas as espécies vivas então existentes extinguiram-se no fim do Permiano, cálculo esse publicado num artigo de 1979; mas ele propunha esse número como um limite máximo, e rodeava-o de ressalvas. Porém, até mesmo uma taxa de extinção de 70% é grande o suficiente para nos autorizar a pensar num evento cataclísmico.

Não obstante, a idéia de Raup, de que a queda de meteoros foi o principal fator de todas as cinco extinções em massa, é contrária às crenças da maioria dos cientistas. Ele tem quem o apóie, e é possível refutar algumas das objeções que se fazem à sua teoria. Aos que insistem em que o aumento da atividade vulcânica desempenhou em todos os casos um papel de destaque (e que, vez por outra, dispõem de indícios geológicos para dar apoio a essa hipótese), pode-se responder que o impacto de um meteoro, se for grande o suficiente, pode criar atividade vulcânica, de modo que esta não seria uma causa, mas um efeito. Alguns especialistas contentam-se com a idéia de que as extinções em massa tiveram diversas causas simultâneas. Outros pensam que uma única causa principal esteve por trás de cada uma das cinco extinções, mas que essas causas provavelmente foram diferentes em cada uma. Num dos casos, pode ter sido uma atividade vulcânica extrema; em outro, um aumento drástico do nível do mar; num terceiro, perturbações climáticas graves. É possível que uma dessas catástrofes — o impacto de um meteoro, por exemplo — tenha ocorrido mais de uma vez.

É improvável que essas questões sejam definitivamente resolvidas. É verdade que a cratera de Yucatán dá grande credibilidade à teoria do meteorito no que diz respeito à extinção mais recente, mas os pesquisadores quase não têm esperanças de encontrar indícios tão evidentes relativos às extinções anteriores. A superfície da Terra mudou de modo muito drástico e com muita freqüência no decorrer das últimas centenas de milhões de anos. Não há dúvida de que outras descobertas vão fazer pender o debate para esta ou aquela direção no futuro, pelo menos por algum tempo, mas parece que as respostas definitivas sempre hão de nos escapar.

Alguns especialistas aventam a hipótese de que venhamos a descobrir as respostas na prática. A maior extinção desde a que ocorreu no fim do Cretáceo, há 65 milhões de anos, está ocorrendo agora. Nós, seres humanos, a estamos causando, e há cientistas que se preocupam com a possibilidade de estarmos criando um colapso ambiental que venha a acarretar a nossa própria extinção — aula prática que de bom grado dispensaríamos. Por outro lado, podemos nos confrontar com um *replay* da catástrofe cretácea se um meteoro grande o suficiente atingir de novo a Terra. Há muitos asteróides vagando por aí, e já aconteceu de alguns passarem bem perto do nosso planeta. Poucos astrônomos duvidam de que a Terra há de sofrer outro impacto gigantesco no futuro, mais cedo ou mais tarde. Se não desenvolvermos um programa para explodir esses asteróides no espaço, usando talvez bombas atômicas, como sugerem vários cientistas, poderemos constatar em nossa própria carne qual foi o tipo de mudança cósmica com que os dinossauros de repente se depararam. Deixando de lado essas maneiras insólitas de saber como ocorrem as extinções em massa, podemos dizer que as quatro primeiras extinções permanecerão misteriosas e suas causas serão perpetuamente debatidas; a única acerca da qual poderemos ter alguma certeza é a quinta e mais recente catástrofe.

Para Saber Mais

Raup, David M. *Extinction: Bad Genes or Bad Luck?* Nova York: Norton, 1991. Raup foi descrito por Stephen Jay Gould, seu amigo e colega, como o "principal arquiteto" do aumento do interesse dos cientistas pelo fenômeno da extinção nas últimas décadas. Este livro, escrito para o público leigo, inclui também muitas tabelas sofisticadas. É animado, provocativo e completo.

Alvarez, Walter. *T. Rex and the Crater of Doom*. Princeton: Princeton University Press, 1997. Este romance policial científico conta a história completa da teoria do impacto meteorítico desenvolvida por Walter Alvarez e por seu falecido pai, Luiz W. Alvarez. Trata-se de um conto fascinante de como ocorre uma descoberta científica e de como os que duvidam chegam por fim a convencer-se da validade de uma nova teoria.

Gould, Stephen Jay. *Wonderful Life*. Nova York: Norton, 1989. Um *best-seller*, considerado por muitos uma obra clássica. Usa os fósseis de Burgess Shale, na Colúmbia Britânica, como base para uma ampla análise do sentido da evolução e das extinções. Atualmente, tem vindo a público uma reação contra as opiniões de Gould, reação esta comandada por Richard Wright, autor de *Nonzero: The Logic of Human Destiny* (Nova York: Pantheon, 2000), e baseada no excesso de ênfase que Gould dá aos aspectos "acidentais" da evolução, inclusive da evolução humana. Trata-se de um debate que vale a pena acompanhar e, para fazer isso, o melhor é começar pela leitura de *Wonderful Life*.

Wilson, E. O., org. *Biodiversity*. Washington: National Academy Press, 1988. Esta famosa coletânea de pesquisas e ensaios trata das extinções que estão acontecendo atualmente e podem vir a acontecer no futuro. Trata-se de um livro escrito para universitários, e será considerado importante pelos que realmente se interessam pela possibilidade de o homem estar criando, em nossos dias, uma nova extinção em massa.

Chapman, C. R., e D. Morrison. *Cosmic Catastrophes*. Nova York: Plenum Press, 1989. Um livro bem escrito que trata, com detalhes científicos, da possibilidade de a Terra ser atingida por um grande meteoro no futuro próximo.

Wade, Nicolas, org. *The Science Times Book of Fossils and Evolution*. Nova York: Lyons Press, 1998. Esta coletânea de artigos originalmente publicados no *New York Times* é composta de relatos lúcidos e sólidos acerca das numerosas linhas de pesquisa nos campos da análise dos fósseis e da teoria da evolução durante a década de 1990.

4

COMO É O INTERIOR DA TERRA?

A noite de 17 de abril de 1906 assistira a mais um triunfo do grande tenor operístico Enrico Caruso. Recebera ele incansáveis ovações depois da sua apresentação no teatro de ópera de San Francisco, cidade que, já naquela época, contava com uma grande população italiana. Sempre que Caruso se apresentara por lá, sentira-se como que em casa; mas, na manhã seguinte, jurou que jamais voltaria à Califórnia, quanto mais a San Francisco. Às 5:13 da manhã, um terrível terremoto sacudiu a cidade, e Caruso por pouco conseguiu escapar do hotel que desabava sobre sua cabeça. Por três dias, depois da devastação provocada pelo próprio terremoto, a cidade ardeu em chamas. Uma epidemia de peste bubônica foi provocada pelos ratos cujos ninhos tinham sido destruídos junto com a maioria dos edifícios da cidade. Começaram a surgir também na imprensa reportagens sobre os gatos de San Francisco. Muitas pessoas relataram que seus gatos haviam enlouquecido pouco antes de o terremoto acontecer. Será que sabiam o que estava para acontecer antes que os seres humanos o percebessem? Algumas pessoas impressionaram-se com esses relatos e passaram a ter um gato em casa para lhes dar o alarme antes do próximo terremoto.

Os cientistas deram sua opinião sobre o comportamento dos gatos antes do terremoto. "Bobagem", disseram. "Conversa de comadres." "Histeria!" E a idéia de que os gatos podem ser capazes de pressentir os terremotos foi descartada como simples crença popular. San Francisco, reconstruída segundo normas de construção muito mais rigorosas, sobreviveu a muitos terremotos pequenos no decorrer das décadas seguintes. Mas, numa tarde de outono de 1989, quando o San Francisco Giants e o Oakland Athletics iam jogar pela World Series [campeonato norte-americano de beisebol], outro terremoto de gigan-

Vista de San Francisco às 10 da manhã do dia 18 de abril de 1906, cinco horas depois do terremoto. O grande cantor de ópera Enrico Caruso escapou por pouco do Palace Hotel, que se pode ver, semi-arruinado, na parte inferior esquerda da fotografia. Apesar do enorme progresso dos nossos conhecimentos nos últimos séculos, no que diz respeito ao interior da Terra e aos movimentos das placas tectônicas, ainda nos é quase impossível prever terremotos com uma antecedência razoável. Cortesia da NOAA-EDS.

tescas proporções abateu-se sobre a cidade. O país inteiro, pronto para assistir ao jogo pela televisão, quedou-se boquiaberto ao ver edifícios abalados, vias expressas destruídas e incêndios descontrolados espalhando-se pela cidade. Nenhum outro terremoto, em toda a história da humanidade, fora assistido ao vivo, pela televisão, por milhões de pessoas. Depois da catástrofe, as histórias sobre os gatos voltaram a fazer-se ouvir. Como o terremoto de 1906 acontecera no meio da noite, não fora difícil atribuir os relatos sobre o comportamento dos gatos ao efeito da bebida sobre tipos pouco confiáveis. Dessa vez, porém, foram policiais e bombeiros, de licença para assistir ao jogo, que disseram ter visto gatos correndo para cá e para lá em estado de grande agitação pouco antes do terremoto. As mesmas coisas foram relatadas por médicos, técnicos de laboratório e outras pessoas de formação intelectual indiscutível. Mais uma vez, os gatos de San Francisco haviam enlouquecido. Só que, dessa vez, os cientistas prestaram atenção ao fato. Aparentemente, aquela "conversa de comadres" tinha algum fundamento; por isso, lançaram-se programas de pesquisa para estudar o comportamento dos gatos durante os terremotos.

O fato de se achar por bem investigar o comportamento dos felinos antes dos terremotos no final do século XX nos diz algo sobre o estado atual da ciência da previsão dos terremotos: na prática, ela não existe. É verdade que os sismólogos são capazes de prever, por exemplo, que um terremoto catastrófico vai acontecer em breve na região de Los Angeles — mas "em breve" pode ser amanhã como pode ser daqui a trinta anos. Comparada à ciência da previsão de terremotos, a meteorologia parece extremamente precisa, apesar das frentes frias que não chegam e da neve que aparece como que do nada. Entretanto, apesar de tudo isso, nosso conhecimento atual é muitíssimo mais vasto do que o que tínhamos na época do grande terremoto de 1906, em San Francisco.

Foi só em 1912, por exemplo, que o conceito de deriva continental foi proposto pela primeira vez. Foi criado por Alfred Wegener, cientista alemão nascido em 1880. Antes disso, todos, cientistas e leigos, tinham por certo que os continentes sempre haviam tido sua forma atual, desde a época em que a Terra assumiu sua forma permanente. Wegener interessou-se pela *meteorologia*, a ciência dos estudos da atmosfera (que estava então em sua infância), e foi fazer pesquisas na Groenlândia. Ao que se conta, os blocos de gelo flutuantes no mar ao redor da Groenlândia deram-lhe a idéia de que as massas terrestres também poderiam estar em movimento sobre a superfície do planeta. Wegener começou então a buscar indícios que comprovassem sua teoria, e encontrou esses indícios em dois tipos de semelhanças entre os diversos continentes. A primeira semelhança era geológica: depósitos da mesma época e do mesmo tipo localizados em continentes separados por gigantescos oceanos. A segunda: os animais e plantas fósseis encontrados em diversos continentes são parecidos, muito embora uma tal semelhança praticamente não exista no mundo do século XX depois de Cristo. O tomate, o milho e a batata eram nativos das Américas, ao passo que o repolho, a berinjela e a abobrinha só davam na Europa; e a mesma exclusividade ocorre no caso de muitos animais. No passado muito distante, porém, certas plantas e animais existiam em mais de um continente. Um dos principais exemplos é a samambaia Glossopteris, que existia há 270 milhões de anos nos atuais continentes da América do Sul, da África, da Austrália e da Ásia. Wegener compreendeu claramente que no passado existia um único supercontinente, e em 1915 publicou um livro chamado *The Origin of Continents and Oceans* [*A Origem dos Continentes e dos Oceanos*] no qual expunha detalhadamente sua teoria. Todos os continentes da Terra haviam constituído no passado uma massa única, que ele chamou Pangéia.

Alguns cientistas ficaram fascinados com a idéia e deixaram-se convencer pelos indícios apresentados por Wegener. Esses cientistas, que formavam um grupo relativamente pequeno, foram chamados de "mobilistas". Porém, a grande maioria dos geólogos e geofísicos, comandados pelo eminente cientista britânico Sir Harold Jeffreys, considerou a idéia absurda. Jeffreys havia estudado os terremotos e concluíra que o interior da Terra é absolutamente rígido. Continentes móveis — até parece! Infelizmente, os mobilistas foram incapazes de encontrar um mecanismo plausível que explicasse o movimento dos continentes.

Foi só na década de 1960, trinta anos após a morte de Wegener, que um tal mecanismo foi descoberto. Como dizem Simon Lamb e David Sington no li-

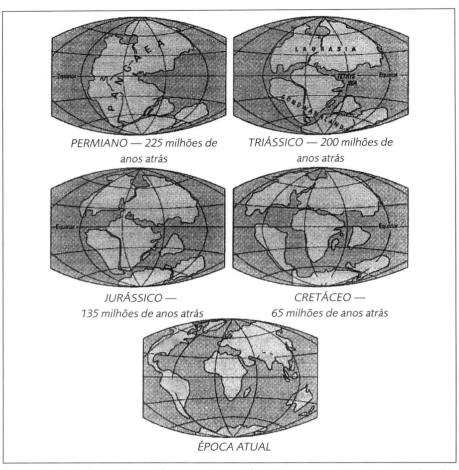

O conceito de deriva continental foi proposto por Alfred Wegener em 1912. Em 1915, ele publicou um livro no qual afirmava que, no passado, havia sobre a Terra um único e gigantesco continente, por ele denominado Pangéia. Originalmente rejeitadas pela maioria dos cientistas, as idéias de Wegener foram por fim confirmadas, tanto pela colheita de amostras geológicas quanto pela descoberta das placas tectônicas, que explicam o mecanismo da deriva continental. Esta série de mapas mostra as mudanças ocorridas na superfície da Terra no decorrer das eras. Cortesia do Instituto Geológico dos Estados Unidos.

vro *Earth Story*, publicado em 1998, essa descoberta provavelmente teria levado muito mais tempo não fosse pelo desenvolvimento dos submarinos nucleares, na década de 1950. Com o desenvolvimento desses submarinos, tornou-se imperioso mapear não só a superfície dos oceanos, mas também o fundo. A marinha norte-americana proporcionou o dinheiro necessário para esse ambicioso projeto, que fez extenso uso das novas tecnologias de sonar para registrar as vibrações ocorridas quando pequenos explosivos eram jogados dentro d'água. Supunha-se então que o leito oceânico, desgastado no decorrer de milhões de anos pelo movimento das águas e pelo efeito de "polimento" provocado pelos sedimentos, seria perfeitamente liso. Provou-se, porém, que essa idéia estava completamente errada.

A descoberta mais espantosa foi a da existência de "uma cadeia de montanhas praticamente contínua que dá a volta ao planeta", como dizem Lamb e Sington. "Na verdade, trata-se da maior cadeia de montanhas do mundo." E mais: o fundo do oceano apresentava enormes fraturas dispostas em ângulo reto com as cadeias subaquáticas, como se estivesse se quebrando em gigantescos pedaços. Essa descoberta tinha grandes implicações. Para começar, ficou claro que o leito do oceano é muito menos antigo do que antes se acreditava, e que está sujeito às mesmas modalidades de atividade sísmica e vulcânica que afetam os próprios continentes. Em 1960, o cientista Harry Hess, da Universidade de Princeton, começou a fazer a correlação dessas novas descobertas com achados anteriores que há muito tempo o intrigavam, e criou uma teoria para explicar o que acontecia com a superfície da Terra debaixo dos oceanos. Evidentemente, as cadeias meso-oceânicas estavam crescendo em altitude; mas havia também certas "ilhas" subaquáticas de topo plano, que ele chamou de "guyots". Essas ilhas, aparentemente, estavam afundando, e é possível que seus cumes já tivessem estado à tona d'água, onde foram aplainados pela erosão. Para que tal coisa acontecesse, era necessário que as rochas do fundo do oceano fossem mais densas do que as terrestres. Essa densidade maior as faria afundar na parte superior do manto, entre a crosta e o núcleo da Terra — pois o manto superior e o manto inferior são feitos de minerais cuja densidade aumenta com a profundidade. Na opinião de Hess, as montanhas do fundo do oceano eram "empurradas" para cima por uma força vinda do interior da Terra; depois, escorregavam para os lados e começavam a afundar de novo. Imaginava ele o fundo do oceano como uma gigantesca esteira rolante. O leito oceânico não era plano e estacionário, mas encontrava-se em contínuo estado de transformação.

Fred Vine, pós-graduando da Universidade de Cambridge, na Inglaterra, assistiu a uma famosa palestra proferida por Hess e desenvolveu ainda mais as idéias deste. Vine recebera a incumbência de analisar os resultados de um levantamento magnético do Oceano Índico, feito por cientistas ingleses. As investigações feitas nesse campo haviam deixado claro que o campo magnético terrestre se invertera diversas vezes ao longo da história do planeta. A agulha da bússola aponta agora para o Pólo Norte; mas, na época em que o magnetismo se inverteu, apontava para o Pólo Sul. Sir Edward Bullard aventara a hipótese de que a parte exterior do núcleo terrestre, entre o manto e o núcleo interior sólido, fosse constituída de ferro em estado líquido (derretido), e que os padrões de fluxo dessa camada líquida criassem uma *ação de dínamo*, a qual poderia de fato inverter-se em determinados momentos do tempo. A prova dessa idéia foi dada por uma nova técnica de datação de rochas baseada na análise da decomposição radioativa do gás argônio que fica preso na lava vulcânica quando esta se transforma em rocha. Realizados na Universidade da Califórnia, em Berkeley, esses complicados testes mostraram que o campo magnético da Terra de fato se invertia a cada um milhão de anos, aproximadamente.

Em 1963, Vine e seu supervisor, Drummond Mathews, chegaram à conclusão de que havia no leito oceânico duas esteiras rolantes, cada qual num dos lados da cadeia meso-oceânica, as quais se afastam e criam um efeito especial cada vez que o campo magnético da Terra se inverte. Os trabalhos de outros cientistas, como J. Tuzo Wilson e Alan Cox, reforçaram às idéias de Hess e Vine e deixaram claro que as partes adjacentes do fundo do oceano estavam constantemente deslizando umas em relação às outras ao longo das linhas de fratura. E mais: nenhuma rocha encontrada no fundo do mar tinha mais do que 200 milhões de anos de idade, de modo que eram, em média, quase 10 vezes mais novas do que as massas terrestres.

Toda essa movimentação do fundo do oceano levou muitos cientistas a examinar de novo as idéias ignoradas de Alfred Wegener a respeito de Pangéia, o continente único. Se o fundo do mar se mexia tanto, será que também os continentes não teriam se movido, mesmo que num ritmo muito mais lento? Vários geólogos e geofísicos começaram a descobrir um número cada vez maior de pistas a respeito do que estava realmente acontecendo. Em março de 1964, perto de Anchorage, no Alasca, ocorreu um forte terremoto, medido em 8,6 pontos na Escala Richter. A área estava sob a jurisdição do geólogo George Plafker, do Instituto Geológico Norte-Americano. Estudando os efeitos do terremoto, ele se convenceu de que, como não havia nenhuma falha geológica de tamanho suficiente na área afetada, tal falha devia encontrar-se sob o mar, perto da costa. No decorrer dos anos seguintes, Plafker e outros geólogos conseguiram demonstrar que, em áreas muito específicas espalhadas pelo mundo, a crosta terrestre estava afundando para dentro do interior da Terra e, ao mesmo tempo, deslocando-se lateralmente, de modo que, em certos pontos, ela entrava sob a parcela de crosta de um continente, empurrando-a para cima e causando terremotos.

Foi assim que nasceu a teoria das placas tectônicas. As placas, algumas das quais são maiores e outras, menores, constituem a chamada *litosfera*, a casca exterior da Terra. A crosta sobre a qual plantamos e construímos é somente a parte mais externa da litosfera, que tem uma espessura média de cerca de 350 quilômetros. Essas placas litosféricas se movimentam e, de lá para cá, esse movimento pôde ser medido, graças à tecnologia dos satélites artificiais. O movimento é muito pequeno, geralmente de pouco mais de um centímetro por ano; mas os deslocamentos vão se somando no decorrer dos milênios e, em determinados momentos, a passagem de uma placa sob ou sobre outra (ou, às vezes, ao lado da outra) cria um movimento súbito que resulta num terremoto. A pressão exercida pelas placas, uma contra a outra, de repente ultrapassa um certo limiar e elas cedem — e assim, com o rompimento de uma ou outra das placas, ocorre uma movimentação maior da crosta terrestre.

No período compreendido entre os dois terremotos de San Francisco, o primeiro em 1906, o segundo em 1989, os geofísicos finalmente conseguiram compreender de modo muito mais cabal o porquê dessas rupturas da crosta terrestre. Já sabem, além disso, quais são os pontos mais perigosos do mundo, pois está claro que, nesses pontos, há duas placas tectônicas esfregando-se uma contra a outra e fazendo acumular-se uma pressão intolerável. A Falha de San Andreas, na Califórnia, é a que recebe mais atenção dos meios de comunicação, pelo menos nos Estados Unidos, e os comediantes sempre conseguem arrancar boas risadas com suas piadas sobre uma parte da Califórnia que cai no mar. Trata-se, porém, de um riso nervoso, pois não há dúvida de que um terremoto gigantesco vai acontecer — um dia.

A resolução do mistério das placas tectônicas ajudou a lançar luz sobre outros aspectos da composição do interior da Terra. Porém, quanto mais nos afastamos da superfície e vamos para dentro do planeta, tanto mais especulativas se tornam as idéias dos cientistas. A crosta exterior da Terra tem até 320 quilômetros de profundidade nos continentes, mas, em média, sua profundidade não ultrapassa os 24 quilômetros no fundo dos mares. A crosta repousa sobre um manto superior composto de minerais chamados olivina e peróxido, com uma pitada de granada; o manto inferior é composto de rochas semelhantes, mas de densidade muito maior, devido à enormidade da pressão que têm de suportar. Essa pressão, aliada ao aumento da temperatura que ocorre nas grandes profundidades, é suficiente para transformar carvão em diamantes. Os diamantes que obtemos pela mineração foram ejetados do manto inferior em erupções vulcânicas e ficaram presos no magma que, quando esfria, vira rocha basáltica. Acredita-se que certos diamantes foram formados cerca de 960 quilômetros abaixo da superfície da Terra. Foi a partir de diamantes, submetidos a uma imensa pressão e aquecidos com raios laser em experimentos de laboratório, que os cientistas criaram quantidades minúsculas de uma estrutura mineral incrivelmente densa chamada perovsquita, estrutura essa que constitui o manto inferior.

Abaixo do manto fica um núcleo exterior de ferro em estado líquido (derretido) e níquel, que se movimenta para cá e para lá numa temperatura comparável à do interior do Sol — ou, pelo menos, é assim que se crê. Há boas razões para se acreditar nisso; mas, em tudo o que diz respeito a uma tal profundidade, os cientistas só podem basear-se em inferências. Durante os terremotos, vibrações chamadas de ondas P e ondas S (estas, mais lentas) percorrem o interior da Terra, e podem ser medidas pelos sismógrafos. As qualidades dessas ondas revelam qual foi o tipo de material que atravessaram. Segundo os resultados dessas medições, o núcleo exterior do planeta, em estado líquido, rodeia um núcleo interior feito de níquel e ferro em estado sólido. Por que o núcleo exterior, com todo o seu calor, não derrete também o núcleo interior? Supõe-se que, a certa profundidade, a temperatura infernal do núcleo exterior cai significativamente. Isso se deve, aparentemente, a um padrão de convecção (que pode ser reproduzido em laboratório numa temperatura muitíssimo mais baixa) que faz com que o material mais quente vá para cima em grandes massas, deslocando o material mais frio, o qual cai então para o fundo.

A Terra é um planeta vivo, e não só no seu ecossistema superficial de animais e vegetais, que vivem e prosperam numa atmosfera favoravelmente equilibrada, a qual depende, para existir, do fato de a maior parte da superfície do planeta ser composta de água. A Lua, em contraposição, é um mundo morto, tanto por dentro quanto por fora, muito embora se pense que ela também teve um núcleo derretido por milhões de anos depois de ter sido (ao que parece) "arrancada" da Terra quando da colisão desta com um corpo celeste de tamanho semelhante ao de Marte. Marte, por sua vez, é um planeta moribundo. Está claro que ele já teve grandes mares, e ainda contém água suficiente para criar uma atmosfera rarefeita e gelo em seus pólos. Pode ter também uma quantidade muito maior de água presa debaixo da superfície sob a forma de gelo permanente. Não sabemos o que fez com que Marte começasse a morrer — se soubéssemos, teríamos muito mais cuidado com o nosso próprio planeta. Por outro lado, pode ser que, no nosso sistema solar, só a Terra tenha a combinação correta de condições para ser um planeta de tipo terrestre — um mundo de superfície sólida e capaz de reter a sua água. Essa opinião, porém, não deve servir para estreitar a nossa mente. Júpiter, o gigante gasoso, parece não ter nenhuma espécie de crosta superficial, mas também é vivo a seu modo, como demonstram a Grande Mancha Vermelha e outras tempestades gigantescas. Não obstante, a Terra não deixa de ser única em seu gênero neste pequeno recanto do universo.

Essa singularidade, porém, baseia-se num equilíbrio precário. Acredita-se que o núcleo exterior, em estado líquido, é intrinsecamente instável — instabilidade essa que explicaria a inversão do campo magnético terrestre a cada um milhão de anos, mais ou menos. Além disso, o fato de a Terra ser viva significa que ela muda constantemente. Alfred Wegener tinha razão a respeito de Pangéia, o supercontinente. Na década de 1980, os indícios geológicos já haviam provado conclusivamente que a América do Sul e a África faziam parte de uma mesma massa terrestre, como também os outros continentes. De fato, qualquer criança é capaz de olhar para o mapa-múndi e perceber que a África e a América do Sul se encaixam direitinho, como as peças de um quebra-cabeça. É claro que as pessoas já haviam atentado para esse fato antes da época de Wegener, mas o haviam atribuído à coincidência ou à vontade de Deus. Já sabemos com razoável certeza que, antes da existência de Pangéia, havia continentes separados de formato diferente dos nossos continentes atuais; e que, antes disso, havia um outro supercontinente chamado *Rodínia* (nome baseado na palavra russa que significa "terra natal"). Certas pesquisas geológicas dão a entender que esse processo inteiro aconteceu pelo menos mais uma vez antes *disso*.

Um planeta capaz de reconfigurar todos os seus continentes várias vezes — mesmo que isso leve um bilhão de anos, mais ou menos — é, evidentemente, um planeta vivo, cuja vida alcança os próprios limites da imaginação humana. A história das formas complexas de vida na Terra não tem mais do que 600 milhões de anos. Muito tempo antes disso, porém, o planeta já estava ocupado formando-se e reformando-se em diferentes configurações. Por mero acaso, nós surgimos aqui num momento que nos deu belezas geológicas como o Estreito de Gibraltar ou os penhascos brancos de Dover. Há meros 30.000 anos, o Estreito de Bering, entre a Rússia e o Alasca, não era feito de água, mas de terra — e foi assim que o povo que nós chamamos de esquimós (e que é mais propriamente chamado de aleutas) e os índios norte-americanos (americanos no que diz respeito à história recente, mas imigrantes vindos de outro continente) chegaram aqui.

Perante o cenário dessa epopéia, o fato de termos conseguido descobrir como acontecem os terremotos já é um fato notável. Acaso seremos capazes, no futuro, de determinar com certeza os momentos em que os terremotos vão arrasar nossas cidades ou em que os vulcões vão começar a construir novas cadeias de montanhas ao lado de cidades? Quando levamos em conta toda a história da Terra, este planeta vivo, parece que essa própria tentativa é uma forma de *hybris*, de uma arrogância sem limites. Vamos deixar essa questão para os gatos de San Francisco.

⚛ Para Saber Mais

Lamb, Simon, e David Sington. *Earth Story*. Princeton, Nova Jersey: Princeton University Press, 1998. Baseado numa série da BBC, este livro nos leva a descortinar todo o panorama da "Formação do Nosso Mundo", como diz o subtítulo. Profusamente ilustrado a cores e escrito de maneira muito lúcida, ele consegue tratar detalhadamente destes assuntos, embora tenha sido escrito para um público popular.

Zebrowski, Ernest J., e Ernest Zebrowski Jr. *Perils of a Restless Planet: Perspectives on Natural Disasters*. Nova York: Cambridge University Press, 1999. Este livro, ao mesmo tempo sério e divertido, trata extensamente de todos os tipos de calamidades naturais. Apresenta os esforços da ciência para compreender esses fenômenos e fala das conseqüências deles para a sociedade humana.

Harris, Stephen L. *Agents of Chaos: Earthquakes, Volcanoes, and Other Natural Disasters*. Portland, Oregon: Mountain Press, 1990. Este livro, escrito para o público leigo, fala sobre as calamidades naturais que ocorrem nos Estados Unidos. Tem bons capítulos sobre os terremotos e sobre a dificuldade de prevê-los.

Menard, H. William. *Ocean of Truth — A Personal History of Global Tectonics*. Princeton, Nova Jersey: Princeton University Press, 1995. Bill Menard foi um dos pioneiros da teoria das placas tectônicas, e os relatos de suas diversas viagens marítimas, que empreendeu acompanhado de equipes de cientistas a partir da década de 1950, constituem uma leitura fascinante. Este livro é especialmente bom para os que gostam de conhecer a "história secreta" de uma grande inovação científica.

5

O QUE CAUSA AS ERAS GLACIAIS?

Estamos passando por um dos chamados *períodos interglaciais*, uma época de relativo calor entre dois períodos de frio — os quais têm sido muito mais comuns que os de calor no decorrer dos últimos 35 milhões de anos. Atualmente, as regiões chamadas de *temperadas* têm neve no inverno, mas essa neve desaparece na primavera. Por outro lado, grandes calotas de gelo cobrem ambos os pólos, o que significa que, no contexto global da história climática da Terra, nossa época é mais para fria do que para quente. A Terra era muito mais quente do que é atualmente ao longo dos 250 milhões de anos em que os dinossauros caminhavam sobre ela. Naquela época, havia árvores perto do Pólo Norte. Num passado mais recente, a última glaciação terminou há cerca de 12.000 anos. Mais ou menos 20.000 anos atrás, o clima era tão quente que havia hipopótamos no condado de Hertfordshire, no sudeste da Inglaterra. A descoberta dos ossos desses animais nesse lugar, ocorrida no século XIX, foi um dos diversos fatos que levaram os cientistas a começar a pensar no quanto o clima da Terra fora diferente no passado — às vezes aproximando-se do tropical nas altas latitudes setentrionais, às vezes tão frio que camadas de gelo cobriam boa parte da América do Norte, chegando até os estados de Nova York e Illinois.

Vamos deixar entre parênteses, por enquanto, a questão dos hipopótamos em Hertfordshire. No século XIX, os geólogos finalmente começaram a prestar atenção numa mistura confusa de rochas deslocadas, fósseis e peculiares conchas petrificadas que podia ser encontrada em toda a Inglaterra, no norte da Europa e nas latitudes superiores da América do Norte. De onde viera essa variedade de materiais? William Buckland, famoso geólogo britânico, achava que eles poderiam ter sido depositados pelo dilúvio bíblico, mas outros cientistas logo começaram a desenvolver idéias mais "científicas". O primeiro que traçou uma relação entre as geleiras e a mistura de materiais chamada em inglês de *drift* foi Jean Louis Agassiz. Esse cientista suíço, que foi zoólogo na juventude e depois lançou boa parte dos principais fundamentos da geologia moderna, emigrou para os Estados Unidos em 1846 e influenciou toda uma geração de cientistas norte-americanos na qualidade de professor em Harvard. No final de década de 1830, enquanto explorava uma geleira nos Alpes Suíços, ele percebeu que a geleira diminuíra de tamanho em poucos anos, deixando um depósito recente do mesmo tipo de resíduos que podiam ser encontrados em toda a Europa. Isso levou-o a concluir que, no passado, as geleiras cobriam uma área muito mais extensa do que os Alpes ou as regiões setentrionais onde encontravam-se no século XIX. Os geólogos posteriores fizeram escavações e descobriram muitas camadas de depósitos glaciários. Isso queria dizer que as geleiras teriam avançado e retrocedido várias vezes sobre a Europa e a América do Norte. Nasceu assim uma nova compreensão do passado terrestre: a Terra estivera sujeita a uma série de glaciações.

Os indícios deixados pela maior parte das glaciações do passado são fragmentários. A contínua reconfiguração da superfície da Terra fê-los passar por uma espécie de liquidificador natural. Porém, nos últimos 150 anos, e sobretudo a partir da década de 1920, identificamos um padrão geral das idas e vindas do gelo. Uma glaciação épica começou no meio do período Carbonífero, cerca de 325 milhões de anos atrás, e chegou até o período Permiano, há 260 milhões de anos. A essa glaciação seguiu-se um período muito mais quente, no qual viveram os dinossauros. Nos últimos 35 milhões de anos, as glaciações tornaram-se mais comuns e passaram a ocorrer, em média, a cada 100.000 anos; mas houve também diversas expansões e retrações menores do gelo. Essa escala temporal "fraturada" deixa claro que os cientistas têm muito o que explicar, e isso, como sempre, abre caminho para as mais diversas teorias e para os debates que as acompanham.

Quando os cientistas de diversas disciplinas começaram a pensar seriamente em como as glaciações aconteceram, dispunham de um ponto de partida evidente. É preciso que a temperatura média global tenha variado muito no decorrer da história terrestre, e a razão mais básica dessa variação teria sido a quantidade de energia solar que chegava à superfície do planeta. Mesmo no século XIX, sabia-se que o caminho da Terra em torno do Sol é muito menos regular do que nos parece quando caminhamos pela rua. Foi só na década de 1920, porém, que o matemático iugoslavo Milutin Milankovitch determinou com precisão os três tipos de variações que afetam a trajetória da Terra pelo espaço. Em primeiro lugar, a Terra segue uma órbita elíptica, não circular — mais

Esta figura do século XIX mostra a cabana primitiva em que Jean Louis Agassiz se abrigava com seus colegas para estudar as geleiras dos Alpes Suíços na década de 1830. Agassiz foi o primeiro a perceber que os detritos chamados em inglês de "drift", e encontrados em toda a Europa, eram indícios de que vastas geleiras haviam coberto, numa antiga glaciação, a maior parte daquele continente, bem como as ilhas britânicas. De Louis Agassiz: His Life and Correspondence, Vol. 1, de Elizabeth Cary Agassiz.

parecida com a forma de um ovo do que com a de uma bola de tênis. Além disso, mesmo essa órbita elíptica tem uma excentricidade — no decorrer de um ciclo de 100.000 anos, a órbita se torna menos elíptica e mais circular, voltando depois à forma elíptica. Em segundo lugar, a Terra é inclinada em relação à sua órbita de translação, e o ângulo de inclinação muda segundo um ciclo de 41.000 anos, de um máximo de 24,5 graus em relação ao plano da órbita a um mínimo de 21,5 graus. (Atualmente, a inclinação encontra-se quase exatamente no meio entre esses dois extremos.) Em terceiro lugar, o próprio eixo de rotação da Terra também oscila como um pião. Essa oscilação chama-se "precessão" e segue um ciclo de 22.000 anos. Uma pequena anomalia nesse ciclo se manifesta a cada 19.000 anos.

Milankovitch passou quase 30 anos trabalhando numa série de equações para correlacionar esses três tipos de excentricidades ao surgimento das eras glaciais. Chegou à conclusão de que, no final tanto do ciclo de precessão quanto do ciclo de inclinação, a quantidade de energia solar que chega à superfície da Terra diminuiria o suficiente para permitir que a era glacial começasse novamente. Essa teoria foi aprovada por muitos cientistas, muito embora expressassem algumas dúvidas em relação ao ciclo de 100.000 anos das revoluções da Terra em torno do Sol. A mudança na órbita era de menos de 0,3%, quantidade muito pequena numa escala cósmica. Entretanto, sabe-se que a atmosfera terrestre pode ser profundamente afetada por fatores relativamente insignificantes, e é por isso que, mesmo com a tecnologia avançada dos computadores, a previsão do tempo continua sendo problemática para áreas de menos de 480 quilômetros de comprimento. Por isso, alguns cientistas estavam dispostos a aceitar a idéia de que até uma mudança de 0,3% poderia ter grandes efeitos sobre as condições climáticas globais.

Porém, as equações de Milankovitch não eram mais do que uma teoria. Essa teoria foi parcialmente corroborada por indícios concretos em 1976, quando os pesquisadores descobriram que os sedimentos acumulados no fundo do mar eram indicadores importantes da temperatura da água nos milênios passados. Os sedimentos contidos nas conchas de pequenos animais chamados foraminíferos e a composição química das mesmas conchas variam segundo a temperatura da água em diversas eras da história da Terra. Nas conchas, a proporção entre o isótopo mais comum do oxigênio (oxigênio 16) e um isótopo mais pesado e mais raro (oxigênio 18) varia segundo a temperatura da água. Os oceanos e, portanto, a concha dos foraminíferos, contêm uma quantidade menor do isótopo mais leve quando o clima da Terra esfria, pois boa parte desses isótopos ficam presos nas geleiras que se formam na superfície nos períodos de frio. Tanto a coleta dos sedimentos quanto os testes de laboratório são atividades extremamente caras e dificultosas, mas esse trabalho rendeu frutos enormes. As camadas mais profundas de sedimento, obtidas por perfurações realizadas no fundo do oceano, mostraram que no período Cretáceo, quando ainda havia dinossauros sobre a Terra, as profundezas oceânicas eram quase 20 graus mais quentes do que são agora. Trata-se de uma mudança gigantesca. Descobriram-se, além disso, mudanças menos drásticas mas igualmente significativas, as quais coincidem com o gradual esfriamento da Terra que começou há uns 115.000 anos (quando a Inglaterra era praticamente um país tropical) e atingiu o seu auge na última glaciação, cerca de 15.000 anos atrás, quando a camada de gelo sobre a parte sul da cidade de Nova York chegava a ter até um quilômetro e meio de espessura — foi a retração desse gelo que criou Long Island, arrastando terra para o mar.

Amostras do gelo polar, obtidas por cientistas ocidentais nas profundezas da calota polar groenlandesa, e retiradas por cientistas russos, durante um longo período, do gelo da Antártica, corroboraram e ampliaram as descobertas decorrentes da análise dos sedimentos oceânicos. Também na análise do gelo, é a proporção entre isótopos de oxigênio que é usada como medida; e, como o gelo dispõe-se em camadas distintas, análogas aos anéis de uma árvore, dados ainda mais detalhados foram obtidos na Antártica e na Groenlândia para determinar os ciclos de aquecimento e resfriamento da Terra nos últimos 2,5 milhões de anos. Muito embora esses dados corroborem os ciclos de Milankovitch, muitos cientistas passaram a pensar, nas últimas décadas, que a teoria do iugoslavo só é capaz de explicar, no máximo, 80% dos motivos pelos quais ocorrem as glaciações. O quadro geral ainda parece incompleto.

Foram as amostras de gelo da Groenlândia que nos puseram na pista de um outro grande fator. Em 1979, um físico suíço chamado Hans Oeschger foi à Groenlândia para unir-se à equipe de Chester Langway, da Universidade do Estado de Nova York. Esmagando as amostras de gelo e coletando os gases contidos nas bolhas de ar presas há milhares de anos, Oeschger pôde demonstrar que, na época em que o mundo começou a esquentar de novo, há uns 12.000 anos, a taxa de dióxido de carbono era 100 partes por milhão mais alta do que há 17.000 anos, no auge da última glaciação. Quando esses resultados foram publicados, novos testes foram realizados com os sedimentos do fundo do mar, e deram os mesmos resultados. Aparentemente, o dióxido de carbono é o catalisador que desencadeia os efeitos dos ciclos de energia solar sobre a atmosfera terrestre.

Como funcionaria esse mecanismo? Diversos cientistas importantes procuraram resolver esse problema a partir de diversos ângulos. Sabemos que o "efeito estufa", tão presente nos noticiários dos últimos anos em virtude dos debates sobre o ritmo do aquecimento global, faz aumentar a temperatura da Terra. A verdade é que é o efeito estufa que torna possível a vida na Terra; a questão debatida atualmente é se o aumento da temperatura global vai fazer com que o clima do planeta enlouqueça completamente. Sabemos também que um dos principais fatores desse processo é o aumento da quantidade de dióxido de carbono na atmosfera.

Como a quantidade de dióxido de carbono diminuiria ou aumentaria, sem a intervenção do ser humano, para romper um determinado estado de equilíbrio? Várias teorias já foram propostas, referentes a vários períodos da história da Terra. O grande aquecimento que ocorreu no Cretáceo, por exemplo, pode ter sido o resultado da rápida disseminação da vegetação terrestre sobre a face do planeta. Essa vegetação consome o dióxido de carbono, mas torna a liberá-lo, e o nível global teria aumentado com o sucesso de um número maior de espécies vegetais. Em outras épocas, uma multiplicação tremenda na quantidade de vegetação oceânica pode ter "sugado" o dióxido de carbono da atmosfera e causado um esfriamento suficiente para desencadear mais uma glaciação.

Especulou-se também que os movimentos das placas tectônicas, e as mudanças que esses movimentos criam nas massas terrestres, poderiam afetar o clima. No mundo de hoje, a Corrente do Golfo leva as águas mornas no mar equatorial até a Inglaterra, criando o relativo calor dessa "terra verde e agradável" nas altas latitudes. Pode ser que o fim do fluxo de água entre o Pacífico e o Atlântico, há 2,5 milhões de anos, com a formação da massa terrestre da América Central, tenha desencadeado o desenvolvimento de glaciações no hemisfério norte. Um esfriamento global mais recente teria sido causado pela separação entre a América do Sul e a Antártica, há 15 milhões de anos.

Outra teoria bastante controversa baseia-se num processo de erosão das rochas descoberto pelo químico norte-americano Harold Urey (e que lhe valeu o Prêmio Nobel de 1934). Na reação de Urey, rochas de silicato prendem o dióxido de carbono da atmosfera à medida que são erodidas. Se ficarem enterradas, mas forem regurgitadas por uma erupção vulcânica muito tempo depois, podem liberar de novo no ar o dióxido de carbono que fica preso. Os climatologistas norte-americanos Maureen Raymo e William Ruddiman opinaram que as glaciações podem estar ligadas ao aparecimento de vastas cadeias de montanhas, como o Himalaia e os Andes, que saem da Terra e depois, à medida que vão sofrendo a erosão, captam e retêm o dióxido de carbono da atmosfera. Essa idéia virou refém do debate sobre o aquecimento global, porém, esses mesmos cientistas afirmam que a queima de combustíveis fósseis está cumprindo a mesma função dos vulcões e liberando enormes quantidades de dióxido de carbono na atmosfera.

Nos últimos anos, praticamente uma nova teoria por ano chegou às manchetes da imprensa — pelo menos das revistas científicas. Em 1997, Richard A. Muller, da Universidade da Califórnia, em Berkeley, e Gordon J. MacDonald, do Instituto Internacional de Aplicação da Análise de Sistemas, de Laxemburgo, na Áustria, fizeram novo uso dos ciclos de Milankovitch e aplicaram-nos em modelos de computador. Já se sabia que pelo menos 30.000 toneladas de "poeira cósmica" caem na Terra todo ano e, usando uma frase rotineira de Nichols e May, "passam despercebidas em meio à quantidade interminável de fuligem que infesta nossos ares". Muller e MacDonald, porém, propuseram a teoria de que a Terra passa por uma faixa específica de poeira cósmica a cada 100.000 anos, em virtude da mudança da inclinação do seu eixo, e o resultado disso é que a quantidade de material que cai sobre o planeta aumenta até provocar uma crise. Dois outros pesquisadores, Stephen J. Kortenkamp, do Instituto Carnegie, de Washington, e Stanley F. Dermott, da Universidade da Flórida, puseram essa hipótese à prova com um outro modelo de computador, e anunciaram em 1998 que não era a inclinação do eixo da Terra que fazia a diferença, mas sim o formato de sua órbita em torno do Sol — descoberta mais condizente com a equação original de Milankovitch. Segundo um relatório publicado em maio de

1999 na *Science News*, Kenneth A. Farley, do Instituto de Tecnologia da Califórnia, descobriu que os depósitos sedimentares apresentam uma quantidade três vezes maior de poeira cósmica a cada 100.000 anos — mas em camadas em que, segundo o modelo, a quantidade de poeira cósmica deveria estar diminuindo. "Há, aqui, algo de muito peculiar", concluiu Farley.

O ano de 1999 assistiu ao surgimento de mais uma teoria na qual o espaço sideral desempenhava papel de destaque: esta se baseava na noção de um aumento drástico na quantidade de raios cósmicos. Esses raios bombardeiam a Terra constantemente, mas, se viessem mais concentrados, poderiam causar um aumento significativo na densidade da camada de nuvens que cobrem a Terra. O bombardeio de raios cósmicos pode ser medido pela decomposição radioativa do carbono 14. Como se relata na revista *Discover*, edição de abril de 1999, o criador dessa nova teoria, Henrik Svensmark, do Instituto Dinamarquês de Pesquisas Espaciais, conseguiu obter indícios de que a atividade dos raios cósmicos aumentou em "quase o dobro" durante a última glaciação.

A quantidade de novas teorias acerca das causas das glaciações é o sinal evidente de que se trata de um campo de investigações inseguro. Alguns cientistas impacientam-se com as teorias mais exóticas e se queixam de que os modelos de computador utilizados não são tão rigorosos quanto deveriam ser; afirmam, ainda, que especialistas em outras disciplinas arrogam-se o direito de entrar no debate com idéias que não passam de especulações. A própria natureza do tema inevitavelmente atrai para as discussões pessoas de muitas especialidades diferentes. Todos consideram os ciclos de Milankovitch como dados dignos de ser levados em conta, mas os cientistas discordam quanto ao grau de importância desses ciclos. De qualquer modo, na mesa de discussões, os astrônomos têm lugar garantido. O mesmo se pode dizer dos biólogos evolucionistas, uma vez que as formas de vida existentes numa determinada época refletem — e às vezes afetam — o clima dessa época. Os geólogos e os químicos são os que mais tendem a trabalhar juntos, como no processo de obtenção e análise das amostras de sedimentos oceânicos. É verdade que o trabalho das equipes de uma disciplina pode às vezes confirmar ou dar novo alento ao de equipes de outra disciplina, mas é inevitável que, às vezes, eles entrem em conflito. Um raciocínio que parece perfeitamente lógico do ponto de vista da geologia pode ser errôneo quando se levam em conta os dados da evolução, e vice-versa.

A verdade é que muitos cientistas estão pessimistas quanto à possibilidade de se chegar a resolver completamente o enigma da ocorrência das glaciações. Alguns dizem que a quantidade de informações é excessiva. É claro que, se os ciclos de Milankovitch forem tão importantes quanto pensam certos cientistas, teremos uma resposta mais ou menos daqui a 2.000 anos, quando deve começar outra glaciação. Não obstante, até essa possibilidade apresenta problemas. Em virtude da liberação excessiva de dióxido de carbono e outros gases na atmosfera, causada pelas atividades humanas, o resultante aquecimento global pode ter descontrolado todo o processo. Nesse caso, podemos ter à nossa frente não uma nova glaciação, mas um novo período de degelo polar e de tempo bom para os hipopótamos no condado de Hertford (desde que esse lugar não esteja submerso devido à ascensão do nível do mar). Mesmo esse fato não seria uma novidade. Afinal de contas, já houve um período de mais de 200 milhões de anos — a época dos dinossauros — em que, ao que parece, nem sequer houve glaciações. Além disso, mesmo nos últimos 35 milhões de anos, em que houve muitos períodos glaciais, o frio nem sempre se manifestou na época devida. Pode ser que as causas das glaciações sejam tão variadas, e tão complexas, que na verdade elas não sigam um cronograma rígido, pelo menos quando levamos em conta a amplitude total da história do nosso planeta. Pode ser que a tentativa de resolver esse mistério seja, antes de mais nada, mais uma afirmação da necessidade humana de impor uma ordem lógica aos acontecimentos naturais.

Para Saber Mais

Lamb, Simon, e David Sington. *Earth Story*. Princeton, Nova Jersey: Princeton University Press, 1998. Baseado numa série da BBC feita para a televisão, este livro trata — como diz seu subtítulo — da "The Shaping of Our World" ["Formação do Nosso Mundo"]. Por isso, fala não só das glaciações, mas de muitos outros assuntos. Não obstante, traz um capítulo longo, completo, bem escrito e profusamente ilustrado sobre o tema das glaciações.

Levenson, Thomas. *Ice Time*. Nova York: Harper & Row, 1989. Com o subtítulo de "Climate, Science and Life on Earth" ["O Clima, a Ciência e a Vida sobre a Terra"], este livro apresenta de modo claro os principais fatos estabelecidos pelo estudo das glaciações. Não está tão defasado quanto se poderia pensar pela data de sua publicação, pois o fato é que as inúmeras teorias apresentadas de lá para cá contradizem-se mutuamente. Além disso, é um livro acessível e gostoso de ler.

Langway, C. C. H., (Hans) Oeschger e W. Dansgaard, orgs. *Greenland Ice Core*. Washington, D.C.: American Geophysical Union, 1985. Os leitores interessados em conhecer o relato detalhado da coleta de amostras de gelo na Groenlândia e dos motivos dessa pesquisa vão encontrar neste livro uma fonte fascinante de conhecimentos, embora se trate de um livro técnico.

Nota: Os leitores que quiserem estar atualizados com as novas descobertas neste ramo da ciência devem ater-se à leitura de publicações científicas, pois este é um daqueles assuntos que os jornais e revistas escritos para o grande público tendem a distorcer e apresentar de modo sensacionalista e fora de contexto.

6

OS DINOSSAUROS TINHAM SANGUE QUENTE?

A fascinação do público pelos dinossauros teve o seu primeiro auge em 1854, quando o Palácio de Cristal de Londres, um enorme edifício de ferro e vidro construído originalmente para a Exposição Universal de 1851, foi reinaugurado pela Rainha Victoria e pelo Príncipe Albert depois de reconstruído num outro local, no subúrbio de Sydenham. O Príncipe Albert sugeriu que o parque ao redor do novo Palácio de Cristal fosse enfeitado com recriações dos animais que viveram em outras eras, entre os quais os dinossauros. A palavra *dinossauro* (que significa "réptil terrível") fora criada por Richard Owen, professor de anatomia do Royal College of Surgeons [Real Escola de Cirurgia], e apresentada numa palestra de duas horas e meia intitulada "Relato sobre os Répteis Fósseis da Grã-Bretanha", proferida em 1841. A obra de recriar em figuras tridimensionais os animais extintos foi entregue a um pintor e escultor chamado Benjamin Waterhouse Hawkins.

Naquela época, só se conheciam três espécies de dinossauros: o megalossauro do período Jurássico e o iguanodonte e o hileossauro do período Cretáceo tardio. Como não tinha nenhum esqueleto completo a partir do qual pudesse trabalhar, Hawkins teve de pôr sua criatividade para funcionar, e os resultados que obteve, como era de se esperar, estão quase todos errados. O iguanodonte (literalmente, "dente de iguana") recebera esse nome porque Owen, no começo, só encontrara os dentes desse animal, que se pareciam com os dentes de um iguana moderno. Hawkins ampliou o tamanho do iguana, deixando-o mais ou menos semelhante a um rinoceronte gigantesco, e seguiu o mesmo procedimento com os outros dois animais. As estátuas dos três apoiavam-se sobre quatro patas. Sabemos, hoje em dia, que só o hileossauro caminhava nessa posição. Alguns répteis menos conhecidos, que claramente não

Richard Owen criou a palavra "dinossauro". Na década de 1860, quando estava montando um esqueleto gigantesco, posou para um fotógrafo desconhecido tendo na mão este osso de dinossauro. O fundo da fotografia está estragado, mas este detalhe nos dá uma idéia do caráter imponente, talvez ameaçador, de Owen.

eram dinossauros, foram transformados em tartarugas e sapos gigantes. As esculturas causaram sensação; o iguanodonte, por exemplo, era tão grande que teve as suas "costas" removidas e serviu de cenário para um jantar oferecido por Owen para 21 convidados. Hawkins passou o resto da vida construindo imagens de dinossauros na Europa e nos Estados Unidos; como era, de fato, muito talentoso, conseguiu levar em conta certas descobertas ulteriores e tornar suas novas criações um pouco mais semelhantes aos modelos originais.

    A idéia de que todos os dinossauros eram quadrúpedes foi rapidamente rejeitada quando o paleontólogo norte-americano Edwin Drinker Cope, especialista em répteis, descobriu os ossos do bicho que chamou de *Laelaps aquilunguis* nos fossos de marga de Nova Jersey em 1866. (Laelaps era o nome de um cão da mitologia grega, que a deusa Diana deu de presente ao jovem caçador Céfalo; depois, o cão foi transformado em pedra no momento em que dava um salto — mais uma baixa decorrente das famosas brigas entre os deuses olímpicos.) O esqueleto desenterrado por Cope estava suficientemente completo para demonstrar que esse dinossauro era bípede e que suas patas dianteiras eram tão curtas que se assemelhavam mais a pequenos braços. Essa descoberta deixou claro que pelo menos alguns dinossauros pulavam como gigantescos cangurus.

O mais duradouro dos pressupostos baseados na identificação entre dinossauros e lagartos, porém, foi o de que eles eram animais de sangue frio, como os crocodilos, por exemplo, e não animais de sangue quente como os mamíferos. Os animais de sangue frio são chamados *exotérmicos*, o que significa que têm de absorver do sol seu calor corporal. Os de sangue quente, entre os quais contam-se todos os mamíferos, são *endotérmicos*, pois geram o seu próprio calor interno. Isso não significa, porém, que o sangue dos lagartos seja literalmente frio; a temperatura do corpo deles pode ser tão alta quanto a dos mamíferos, às vezes até mais alta. É que o sistema biológico de regulação da temperatura corporal deles é completamente diferente do dos mamíferos.

Todos os anfíbios e a maioria dos répteis têm corações de três cavidades: duas aurículas de paredes musculares finas, que se expandem para receber o sangue, e um ventrículo de paredes musculares grossas que rebombeia o sangue. As aves e os mamíferos têm corações de quatro cavidades: duas aurículas e dois ventrículos. O ventrículo único do coração de um lagarto tem de cumprir duas funções: não só bombear o sangue do coração para o corpo, mas também enviar o sangue do corpo para os pulmões a fim de ser reciclado. Os pulmões repõem o estoque de oxigênio do sangue, e esse oxigênio vai se gastando à medida que o sangue viaja pelo corpo. No ventrículo único do coração dos lagartos, o sangue recém-oxigenado vindo dos pulmões inevitavelmente se mistura ao sangue "usado" que já circulou pelo corpo; com isso, é muito menor a quantidade de sangue rico em oxigênio a ser bombeada para os músculos, onde esse sangue proporciona a energia necessária à atividade. Para adquirir essa energia, os lagartos e crocodilos têm de tomar sol por longos períodos (até cerca de 90% das horas de sol) a fim de absorver um calor suficiente para tornar possível a atividade prolongada. Nos mamíferos e aves, o segundo ventrículo do coração mantém separados o sangue oxigenado que vem dos pulmões e o sangue usado que vem do resto do corpo, de modo que os músculos recebem uma quantidade muito maior de oxigênio. A única desvantagem desse sistema é que, para funcionar, ele exige uma quantidade maior de alimento.

Muito embora tenhamos descoberto há 130 anos que alguns dinossauros eram bípedes; apesar dos indícios fósseis que nos dão a entender que tais criaturas caminhavam muito rápido; e apesar de as mandíbulas e os dentes de muitos dinossauros serem evidentemente adaptados a um consumo voraz de car-

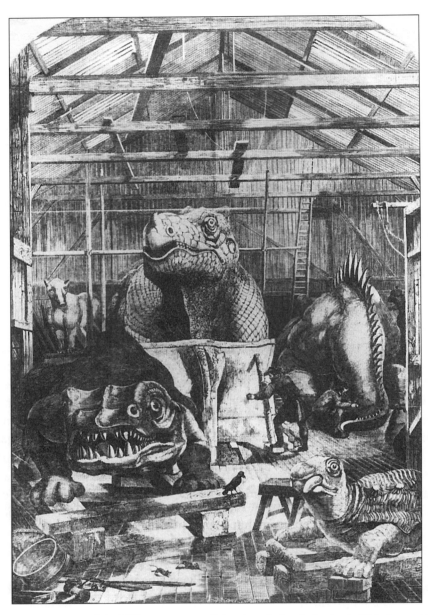

Esta gravura em metal de 1854 representa a oficina de trabalho de Benjamin Waterhouse Hawkins, que projetou e construiu as fantasiosas estátuas de dinossauros encomendadas para o parque ao redor do Palácio de Cristal quando da reconstrução deste num subúrbio de Londres no ano de 1854. A Rainha Victoria visitou a oficina com seu marido, o Príncipe Albert; a criação do Palácio de Cristal tinha sido idéia dele. A escultura ao centro tinha as costas removíveis; assim, Richard Owen, Benjamin Hawkins e doze dignitários fizeram um jantar comemorativo sentando-se a uma mesa posta dentro da estrutura. Do livro Dinosaurs, *de W. D. Matthew.*

ne, o que lhes daria a energia necessária para uma movimentação tão rápida, os cientistas aferraram-se à idéia de que os dinossauros eram animais de sangue frio, como são os répteis modernos. Essa crença persistiu, e ainda persiste, apesar da convicção de que as aves descendem dos dinossauros, o que nos força a explicar por que as aves têm corações de quatro cavidades — que lhes permitem um grau maior de atividade na vida cotidiana e as habilita, inclusive, a empreender migrações de milhares de quilômetros. É claro que as aves põem ovos, à semelhança dos répteis e ao contrário dos mamíferos, e esse fato serviu de desculpa para que os cientistas ignorassem a discrepância entre os corações das aves e os dos lagartos. De vez em quando, uma alma corajosa levantava a voz para afirmar que esse ponto era problemático, mas logo era reduzida novamente ao silêncio.

Isso, até 1969. Nesse ano, por fim, uma pessoa dotada de autoridade suficiente para não ser ignorada começou a afirmar que pelo menos alguns dinossauros — os bípedes — tinham de ter sido animais de sangue quente com coração de quatro cavidades. John Ostrom, professor da Universidade Yale, havia descoberto o dinossauro Deinonico, que usava as garras das patas traseiras para dilacerar as presas, o que exigia um equilíbrio e uma agilidade extraordinários. Em 1969, Ostrom proferiu uma palestra na primeira Convenção de Paleontologia da América do Norte, tratando das informações que os fósseis do período Mesozóico tinham a nos dar acerca do clima daquela época.

Parecia um discurso inócuo, mas continha em seu bojo uma novidade intelectual altamente explosiva. Os dinossauros haviam vagado pelas altas latitudes da Terra durante a Era Mesozóica e eram tidos como animais de sangue frio; por isso, a idéia era que, naquela época, o clima chegava a ser tropical em lugares como o atual Canadá. Caso contrário, os dinossauros de sangue frio não teriam sido capazes de absorver calor suficiente para viver. Embora questionasse ostensivamente essas idéias sobre o clima, Ostrom também deixou claro que não aceitava por completo a idéia de que os gigantescos dinossauros passavam 90% do seu tempo lagarteando ao sol no lugar em que hoje fica o Wyoming. Afinal de contas, boa parte deles andavam eretos — coisa que os lagartos não fazem nem podem fazer, uma vez que, mesmo que sua estrutura corporal fosse adequada, eles não teriam energia suficiente para caminhar assim. "A correlação entre temperatura corporal alta, (...) metabolismo elevado e postura e locomoção eretas não é acidental", disse Ostrom. É então que veio a bomba: "Os indícios de que dispomos nos dão a entender que a postura e a locomoção eretas provavelmente não seriam possíveis sem um metabolismo elevado e uma temperatura alta e uniforme." Em outras palavras, os dinossauros tinham sangue quente.

Uns poucos cientistas converteram-se rapidamente a essa idéia. Um deles foi o paleontólogo e escritor Adrian J. Desmond, que publicou *The Hot-Blooded Dinosaurs* em 1976. Depois de falar sobre a palestra de Ostrom, ele observou: "Antes dele, ninguém evidenciara a relação inextricável que existe entre o alto metabolismo, a temperatura corporal estável e a postura ereta; mas, uma vez apresentada de modo explícito, essa relação nos pareceu óbvia e natural. Resolveu as antigas contradições intrínsecas à ridícula idéia do brontossauro espairecendo ao sol; e resolveu-as eliminando por completo essa idéia e substituindo-a pela noção dos dinossauros endotérmicos. É claro que essa nova idéia exige uma reavaliação fundamental da fisiologia dos dinossauros; e, para tanto, somos forçados a tomar os mamíferos e as aves como nossos novos modelos."

Bob Bakker, ex-aluno de Ostrom, deu mais argumentos a favor da idéia dos dinossauros endotérmicos num livro lançado em 1986, *Dinosaur Heresies*, no qual insistia que o próprio sucesso evolutivo dos dinossauros teve por base o fato de terem sangue quente. Mas repare no título que ele deu ao livro: *Heresias sobre os Dinossauros*. Em 1975, Desmond, no título de seu livro, havia ousado afirmar abertamente a sua opinião; já Bakker sentiu-se obrigado a reconhecer, no seu título, a força da oposição. Não obstante, no texto, ele defendia corajosamente a idéia de que a postura ereta de muitos dinossauros era indício de que eles tinham sangue quente. E mais: como tinham o pescoço comprido e levavam a cabeça bem alto, teriam de ter a alta pressão sangüínea associada aos animais de sangue quente para que o líquido vital chegasse ao seu cérebro. Os cientistas defensores da exotermia não se deixaram impressionar por esse argumento. Fizeram observar que as girafas têm válvulas especiais no pescoço, que ajudam o sangue a chegar à cabeça; por que os dinossauros não teriam válvulas semelhantes? Os paladinos do sangue quente responderam: tudo bem, mas as girafas são mamíferas, não é mesmo?

Essa discussão continuou até a década de 1990. Os argumentos contra a endotermia dos dinossauros foram apresentados com bastante clareza num livro de 1995, publicado sob os auspícios do famoso Museu Norte-Americano de História Natural, de Nova York: *Discovering Dinosaurs*, de Mark Norell, co-curador da Sala dos Dinossauros; Eugene Gaffney, co-curador da mesma Sala e curador de paleontologia dos vertebrados; e Lowell Dingus, diretor da reforma da Sala dos Fósseis do museu. No debate, eles resolveram caminhar com cuidado e adotar uma espécie de caminho do meio, mas, no geral, apresentaram mais indícios contra a teoria *endotérmica* (do sangue quente) do que a favor dela. Por exemplo: discutem em detalhe a análise da microestrutura óssea, que é diferente nos animais *exotérmicos* (sangue frio) e endotérmicos existentes atualmente. Relatam que os ossos dos dinossauros foram submetidos a testes, cortados em fatias bem fininhas e depois comparados sob o microscópio com ossos de animais modernos. "Na maioria dos dinossauros que não são aves, a microestrutura dos ossos é mais parecida com a dos animais endotérmicos" — argumento a favor dos endotermistas — "mas os indícios não são conclusivos."

E prosseguem, dizendo: "Para padronizar as observações, temos de comparar animais de tamanho semelhante. Infelizmente, não existem atualmente animais exotérmicos do tamanho dos dinossauros que não são aves, e só há pouco tempo é que começamos a estudar os dinossauros menores." Trata-se de uma afirmação curiosa. Afinal de contas, a idéia original de que os dinossauros eram exotérmicos baseava-se no fato de que répteis atualmente existentes, mas muito menores — como os iguanas e os crocodilos —, são animais de sangue frio. Por que podemos fazer comparações com animais menores para apoiar a teoria exotérmica, mas não para fortalecer a endotérmica? Apesar de tudo isso, os autores inserem nesse capítulo uma frase que, embora seja uma obra-prima da duplicidade e da arte de não se comprometer, deixa pelo menos em aberto a possibilidade de os dinossauros terem sido animais endotérmicos: "Não há provas precisas que nos permitam dizer com certeza que os dinossauros tinham o sangue frio ou o sangue quente, mas há indícios de que os dinossauros desenvolveram a endotermia em algum ponto da sua história, como se vê pelas aves modernas."

Como indica essa última frase, a dúvida já chegara a um grau suficiente para que os especialistas ficassem indecisos entre as duas teorias e não considerassem nenhuma delas superior à outra. Era um progresso, mas talvez não o bastante, quando consideramos que a palavra *dinossauro* foi criada em 1841. Aliás, convém voltar um pouco no tempo e examinar por que Richard Owen fazia tanta questão de que os dinossauros fossem animais de sangue frio. É claro que a teoria tinha algum sentido, pois Owen, afinal de contas, batizara o iguanodonte com base no fato de os dentes dele serem muito semelhantes ao do moderno iguana. Mas, como expõe longamente Adrian Desmond em seu livro de 1975, Owen também tinha uma outra motivação. Era um homem muito religioso e se sentira perturbado pelas primeiras manifestações da teoria da evolução (ou teoria transformista), que haviam sido suscitadas pelo naturalista francês Jean Baptiste de Lamarck no princípio do século XIX. Lamarck, que criou a palavra *biologia* e foi o primeiro a traçar uma distinção entre animais vertebrados e invertebrados, acreditava que os organismos são dotados de um impulso intrínseco para desenvolver-se e transformar-se em organismos melhores e mais bem adaptados. Embora tenha sido inicialmente influenciado por Lamarck, Darwin fez questão de dizer que, em sua opinião, a evolução não era um processo intencional, mas acidental. Owen não gostava de nenhuma dessas teorias, que pareciam subestimar o papel do Criador. Porém, quando ele afirmou que os dinossauros eram lagartos pré-históricos, ainda faltavam quinze anos para que fosse publicado *The Origin of the Species* [*A Origem das Espécies*], de Darwin. Era a Lamarck que ele queria se contrapor. Se lagartos gigantes já haviam caminhado sobre a Terra, e hoje nós só vemos lagartos pequenos, a crença de Lamarck numa evolução rumo ao melhor parecia ir por água abaixo. Os grandes lagartos já haviam desaparecido e só haviam deixado em seu rastro criaturas muito menores. Onde estava a melhora?

A base ideológica da insistência de Owen na exotermia dos dinossauros não impediu que o conceito predominasse por mais de cem anos. Mesmo quando a ciência finalmente lançou um ataque definitivo contra essa noção, muitos cientistas recusaram-se a abandoná-la. Em 1995, os prestigiados cientistas do American Museum of Natural History não foram além de frases ambíguas. Outros especialistas chegam a dar uma resposta parcial à ridícula imagem de um *Tyrannosaurus Rex* (ou dos malignos velociraptores com que Steven Spielberg tanto se divertiu em *Jurassic Park*) tomando sol oito horas por dia para armazenar energia suficiente para sair em busca de comida. Dizem eles que animais tão grandes não perderiam calor tão rápido quanto um crocodilo, e, portanto, não teriam de passar tanto tempo tomando sol. Outros ainda vão pelo caminho oposto e dizem que, se os dinossauros tivessem realmente o sangue quente, sofreriam de superaquecimento e teriam de entrar na água para se esfriar, como fazem os elefantes. Esse carrossel intelectual às vezes dá um pouco de tontura, mas sempre há alguém para mantê-lo girando. Não há provas que pareçam suficientes para todos. É claro que todo cientista tem o dever de pedir provas das alegações de outros cientistas. Porém, como já vimos nos capítulos anteriores e veremos ainda nos seguintes, essa regra não se aplica quando as reputações estão em jogo.

Desde o momento em que John Ostrom ousou desafiar o antigo consenso, em 1969, os cientistas partidários de ambas as teorias, bem como os que procuram manter uma aparência solene sem sair de cima do muro, têm dito que a questão só poderia ser resolvida quando se encontrasse o coração de um dinossauro. Tal descoberta parecia impossível — até então, só ossos tinham sido descobertos. Mas, para a perplexidade de todos, anunciou-se em meados de abril de 2000 que o coração fossilizado de um dinossauro fora de fato encontrado na cavidade peitoral do esqueleto de um dinossauro desenterrado no estado norte-americano de Dakota do Sul. O coração petrificado tinha mais ou menos o tamanho de um *grapefruit*.

A descoberta foi anunciada por Dale A. Russell, do Museu de Ciências Naturais da Carolina do Norte, da cidade de Raleigh. A estrutura interna do coração, da qual restavam traços visíveis, indicava que o órgão se parecia mais com o de um pássaro ou mamífero do que com qualquer coisa já observada em um réptil. "As conseqüências implícitas desse fato me deixaram estarrecido", disse Russell. Disse também que, embora o órgão parecesse um coração de quatro cavidades, muitos testes teriam ainda de ser realizados para se ter certeza. Para começar, a pedra que continha o coração tinha sido examinada através de um programa de computador que pegava imagens bidimensionais e as transformava em modelos tridimensionais. Segundo a equipe de pesquisa, dois ventrículos e a aorta eram visíveis; mas não se podia ver as aurículas, ou câmaras superiores.

O que tornava essa descoberta ainda mais importante era o fato de que o dinossauro cujo coração foi encontrado não pertencia à linhagem que, segundo os paleontólogos, evoluiu e transformou-se nas aves. Era um dinossauro herbívoro que, segundo se pensa, pesava cerca de 1.300 quilos e media 4,5 metros — um dos menores dinossauros que viviam há cerca de 65 milhões de anos, pouco tempo antes da extinção em massa discutida no Capítulo 3. Não se sabe qual era a sua espécie, mas pertencia ao gênero chamado Tesselossauro, ou "lagarto maravilhoso".

Com essas novas provas, Mark Norell, um dos autores de *Discovering Dinosaurs*, desceu um pouquinho do muro e disse a John Noble Wilford, do *New York Times*: "Isso significa que todas as nossas idéias a respeito dos dinossauros têm de ser reconsideradas." Em outros círculos, porém, a dúvida persistia. O paleontólogo Paul C. Sereno, da Universidade de Chicago, disse a Wilford que encarava a nova idéia com "bastante reserva", e queria saber se um órgão interno poderia ter sido preservado nos sedimentos comuns da área onde o fóssil fora encontrado, nas terras de um fazendeiro. Disse também que as imagens que havia visto não deixavam claro nem sequer que o órgão era um coração.

Em outras palavras, um órgão que, segundo alguns especialistas, é não só um coração de dinossauro como um coração de quatro cavidades, não passa de um "suposto" coração para outro especialista. Um "suposto coração" não basta para provar que os dinossauros tinham sangue quente. Além disso, dada a natureza deste debate em particular, podemos até apostar que, se algum dia se provar que esse suposto coração é um coração de fato, haverá alguém para dizer que esse dinossauro provém de um período tardio, em que as aves já estavam aparecendo na Terra, e que, portanto, ele não prova nada a respeito dos outros dinossauros.

Às vezes temos a impressão de que este é um daqueles mistérios que certos cientistas simplesmente preferem que não sejam resolvidos.

⚛ Para Saber Mais

Desmond, Adrian J. *The Hot-Blooded Dinosaurs*. Nova York: Dial Press, 1976. Apesar de escrito há mais de 25 anos, este livro é fascinante e traz boas recompensas a quem o lê. Desmond não é especialista somente em paleontologia dos vertebrados, mas também em história e filosofia da ciência, e o livro é tão interessante pela tese que lhe dá o título quanto pelos relatos históricos das pesquisas sobre os dinossauros. Não tem ilustrações vistosas e coloridas, como quereriam alguns; mas suas belíssimas gravuras de sabor antigo vão agradar muito a outros leitores.

Bakker, Robert. *The Dinosaur Heresies*. Nova York: Morrow, 1986. Bakker apresenta do modo mais detalhado possível os argumentos em favor da tese endotérmica, e é muito possível que sua obra venha a ser reconhecida como uma precursora das descobertas mais recentes.

Norell, Mark A., Eugene S. Gaffney e Lowell Dingus. *Discovering Dinosaurs*. Nova York: Knopf, 1995. Apesar de pisar com muito cuidado no terreno da controvérsia entre endotermistas e exotermistas, trata-se de um livro excelente, que trata sobretudo dos registros fósseis da existência dos dinossauros. É bem ilustrado com fotografias de fósseis de verdade, não com coloridas especulações spielberguianas. Organiza-se em torno de 50 perguntas específicas sobre os dinossauros; por isso, é uma excelente introdução ao tema e permite que o leitor encontre a resposta a perguntas como "De que modo os dinossauros se acasalavam?" ou "De que tamanho eram os maiores dinossauros?"

Lambert, David. *The Ultimate Dinosaur Book*. Nova York: DK Publishing, 1993. Para os que estão em busca de uma apoteose visual, é este o livro indicado: uma típica produção da editora Dorling Kindersley, bastante bem provida de fatos e informações.

Stevenson, Jay, e George R. McGhee. *The Complete Idiot's Guide to Dinosaurs*. Nova York: Alpha Books, 1998. À semelhança de muitos outros livros desta série de título bem-humorado, este livro de capa mole, mas tamanho grande, foi projetado para fazer com que você se sinta muito mais inteligente depois de lê-lo. Embora dividido em pequenos fragmentos de texto para facilitar a assimilação, ele contém muita informação e vários apêndices extremamente úteis.

7

O ELO PERDIDO EXISTE?

Em 1856, três anos antes de Charles Darwin publicar *On the Origin of Species* [Sobre a Origem das Espécies], partes de um esqueleto foram encontradas perto da cidade de Düsseldorf, na Alemanha, num local chamado Vale de Neander. A ossada motivou muitas especulações, pois parecia muito peculiar. Na época, porém, a única pessoa que percebeu que os ossos não eram de um esqueleto humano foi o antropólogo inglês William King. Foi ele que criou o termo *Homo neanderthalis* para designar o que ele pensava ser uma outra espécie de *hominídeo* (qualquer primata bípede, entre os quais os grandes macacos e os precursores do homem moderno). O nome "pegou", mas o próprio King mudou de idéia e deixou de considerar a ossada como pertencente a outra espécie; cinqüenta anos ainda teriam de passar-se para que essa idéia fosse largamente aceita.

Mais tarde, ficou claro que ossadas semelhantes já tinham sido encontradas antes, mas que seu verdadeiro significado fora ignorado. A crença original de King, de que tais ossos pertenciam a um outro tipo de hominídeo, foi objeto de muita atenção, uma vez que as idéias básicas de Darwin a respeito da evolução, bem como as de seu rival Alfred Russel Wallace, já eram bem conhecidas nas rodas científicas e haviam suscitado um debate que continua até hoje. Naquela época, como hoje, havia aqueles que quedavam-se horrorizados perante a idéia de que os seres humanos tinham parentesco com os macacos, e consideravam esse conceito uma afronta a Deus e à humanidade. Muitos cientistas passaram a considerar os Neandertais como seres "brutos". No século XIX, até os cientistas profissionais pareciam em certa medida infectados pelo desgosto que os religiosos tinham pela idéia de que o *Homo sapiens* talvez fosse intimamente aparentado às criaturas bestiais.

Donald Johanson — que descobriu, em 1974, o famoso esqueleto de "Lucy" — e outros cientistas deixaram claro que a visão degradante dos Neandertais que persistiu até a década de 1950 pode ser imputada a um único homem, o antropólogo francês Marcellin Boule. Boule declarou que esses seres brutos e primitivos não podiam de modo algum ser comparados aos Cro-Magnons, que estabeleceram-se na Europa há 35.000 anos e são considerados, de maneira geral, como os mais antigos seres humanos. Os primeiros restos mortais dos hominídeos chamados de Cro-Magnon foram descobertos na região da Dordonha, na França, em 1868. Boule considerava os Neandertais subumanos, mas disse que os Cro-Magnons tinham "um corpo mais elegante, uma cabeça mais bem formada, a testa mais larga e vertical; e deixaram, nas cavernas que habitavam, inúmeros indícios da sua habilidade manual, das suas preocupações artísticas e religiosas, das suas faculdades abstratas, de modo que foram os primeiros a merecer o título glorioso de *Homo sapiens*!" Essas palavras foram escritas em 1908, depois da descoberta de um esqueleto deformado de Neandertal, o qual, hoje sabemos, foi deformado pela artrite — doença à qual os Neandertais eram muito suscetíveis.

A comunidade científica em geral aceitou a crença de Boule, de que não poderíamos ter evoluído a partir dessa raça de brutos. Não obstante, ficou claro que, dada a lentidão das mudanças evolutivas, deveria haver uma criatura existente num passado mais remoto que poderia ser considerada um intermediário entre nós e os macacos. Foi assim que nasceu a noção do "elo perdido", e milhares de geólogos amadores partiram à procura de ossos que pudessem dar substância a essa idéia. No final do século XIX e começo do século XX, esses entusiastas desempenharam papel semelhante ao dos astrônomos amadores na busca de novos cometas nos últimos anos. Em 1912, um desses homens, um advogado inglês chamado Charles Dawson, encontrou algo que parecia ser a resposta. Num depósito de cascalho localizado em Piltdown Common, perto de Lewes, na Inglaterra, ele desenterrou uma caveira cujo crânio era claramente humano, mas que também tinha uma mandíbula parecida com a dos macacos.

O Homem de Piltdown, como passou a ser chamado, causou sensação no mundo inteiro. A caveira foi submetida a inúmeros testes conduzidos por cientistas de primeira linha, e todos a declararam autêntica. Alguns se sentiam incomodados pelo fato de não ter sido encontrada nenhuma outra ossada na região, mas os teóricos sempre tiveram a tendência de elaborar excelentes justificativas para descobertas anômalas (especialmente quando essas descobertas vêm a calhar para provar suas idéias pré-concebidas), e este caso não foi exceção à regra. O Homem de Piltdown entrou para os compêndios de biologia como o elo perdido inequívoco, a resposta definitiva àqueles que não se convenciam

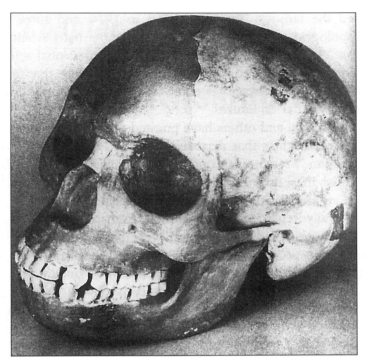

Uma fotografia do suposto crânio do Homem de Piltdown, descoberto por Charles Dawson na Inglaterra em 1912 e dado por numerosos especialistas como prova autêntica da existência de um "elo perdido" da evolução humana. O achado foi desmascarado como uma fraude em 1953. Cortesia do Museu da Cidade de Londres, Inglaterra.

de que o homem podia descender do macaco. Sempre houve, porém, alguns antropólogos que não "engoliram" o Homem de Piltdown, e foram as preocupações deles que motivaram uma nova rodada de testes, realizada em 1953, com o uso de novas modalidades de análise química desenvolvidas havia pouco tempo. Os mesmos jornais que outrora publicaram "O ELO PERDIDO FOI ENCONTRADO" em suas manchetes agora publicavam "A FRAUDE DE PILTDOWN". Demonstrara-se que a caveira consistia de um crânio humano ao qual se ligara uma mandíbula de orangotango. A ligadura fora feita com uma habilidade enorme — mas, talvez, não o suficiente para justificar 41 anos de abjeta credulidade.

Outros 43 anos se passaram até que se descobrisse quem perpetrara a fraude, uma das mais bem-sucedidas e mais nocivas da história da ciência. No decorrer das décadas seguintes, o enigma chamou a atenção de numerosos pesquisadores, que fizeram recair suas suspeitas sobre um grande número de pessoas. O pobre Charles Dawson, que descobriu o crânio, tornou-se inevitavelmente um dos principais suspeitos, mas ninguém foi capaz de demonstrar que ele possuía a habilidade necessária para soldar uma mandíbula de orangotango a um crânio humano. Por fim, em 1996, dois paleontólogos britânicos solucionaram o mistério, depois de quase dez anos de trabalho. Brian Gardiner e Andrew Currant descobriram provas cruciais num velho baú que estava juntando mofo nos porões do Museu Britânico. Como se relata na revista *Discover*, o baú continha ossos que haviam sido mergulhados em ácido e tratados com óxidos de ferro e de manganês para parecer envelhecidos — como se fizera com o crânio de Piltdown. No baú estavam gravadas as iniciais M.A.C.H. Estas correspondiam às de um homem que fora curador de zoologia no Museu Britânico nas décadas de 1930 e 1940, cujo sobrenome era Hinton.

Quais poderiam ter sido as motivações de Hinton? As investigações posteriores revelaram que ele começara a trabalhar no museu como voluntário, na primeira década do século XX. Temerário, pleiteara um salário e teve seu pedido desdenhosamente recusado pelo então curador de paleontologia, Arthur Smith Woodward. Como Woodward inevitavelmente seria chamado a examinar uma descoberta como a do crânio de Piltdown, a fraude poderia ter sido uma armadilha para humilhá-lo. Com efeito, Woodward foi um dos cientistas que a consideraram indubitavelmente autêntica. No entanto, na época em que isso aconteceu, Hinton já estava a caminho de tornar-se ele mesmo um cientista respeitado. A revelação da fraude não teria causado problemas somente a Woodward, mas também a ele, Hinton. Especula-se que Hinton deixou o baú no museu britânico na esperança de que alguém o descobrisse e fizesse a relação entre as duas coisas; e mesmo durante sua vida ele deixou uma outra pista. No verbete correspondente à sua pessoa, no *Who's Who* [Quem é Quem] britânico, ele incluiu, entre os seus interesses, a palavra "fraudes".

Em 1953, quando o Homem de Piltdown foi desmascarado como uma fraude, o estudo da cadeia evolutiva dos hominídeos já estava, de qualquer modo, em processo de revisão. A idéia que Boule fazia dos Neandertais — trogloditas cabeludos e animalescos — já estava sendo desmontada havia algum tempo, e muitos cientistas já estavam dispostos a acreditar que eles talvez fossem mais intimamente aparentados a nós. Assim, os especialistas foram rápidos em aceitar uma nova opinião apresentada em 1956, num simpósio, pelos antropólogos William Straus e A. J. E. Cave [sic]. Sua análise dos ossos descobertos em 1908, nos quais Boule baseou suas conclusões negativas acerca dos Neandertais, demonstrou a presença da artrite; e, por outras ossadas, ficou claro que o Neandertal saudável andava totalmente ereto e, ao contrário dos macacos, não se arrastava apoiando as patas dianteiras no chão. O artigo de Straus e Cave, publicado na *Quarterly Review of Biology*, chegava a afirmar que um Neandertal barbeado, de banho tomado e bem vestido poderia passar despercebido no metrô de Nova York — mas alguns espíritos mordazes consideraram essa idéia um insulto aos nova-iorquinos.

Nos trinta anos seguintes, a maioria dos cientistas chegou à conclusão de que o Homem de Neandertal não era uma espécie de brutamontes primitivo, mas, com toda probabilidade, nosso ancestral mais imediato. Novas descobertas de fósseis deixaram claro que os homens de Neandertal construíam ferramentas, faziam uso do fogo e chegavam a ter um cérebro maior do que o nosso. Não obstante, havia cientistas que duvidavam de tudo isso. É verdade que a maioria aceitava que os Neandertais eram muito mais avançados do que se cria nos primeiros cem anos depois da descoberta do Vale de Neander, mas ainda havia alguns problemas a ser resolvidos. Para começar, não havia evidências anatômicas de que os Neandertais eram capazes de falar. A laringe deles parecia alta demais, o que lhes permitiria emitir somente ruídos semelhantes aos dos chimpanzés, muito embora se aceite que até esses gritos e grunhidos podem veicular uma boa quantidade de informações aos outros chimpanzés — segundo alguns pesquisadores de campo, mais do que gostaríamos de admitir. No verão de 1983, porém, a descoberta do esqueleto quase intacto de um Neandertal do sexo masculino na caverna de Qafzeh, em Israel, nos deu informações que a maioria dos cientistas jamais imaginaria obter. Do esqueleto constava um delicado osso em forma de U, o osso hióide, que, nos seres humanos, é ligado à cartilagem da laringe. Isso é sinal de fala — e um Neandertal falante seria um candidato ainda mais forte ao posto de ancestral direto do ser humano.

Dois anos antes disso, na revista *Science '81*, o anatomista e ilustrador Jay Matternes publicara o retrato de um Neandertal (desenvolvido a partir de moldes de gesso tirados de ossos fósseis) de aparência assustadoramente humana, apesar do nariz avantajado e da testa pesada e achatada para trás. Houve quem afirmasse que a figura calva se parecia com o pintor Pablo Picasso. Esse famoso artigo (disponível na Internet em www.bearfabrique.org/Evolution/neander), a posterior descoberta do osso hióide e o fato de um Neandertal ter sido encontrado em Israel, bem longe da Europa Ocidental — tudo isso contribuiu para fazer crescer a convicção de que esses hominídeos seriam nossos predecessores mais imediatos. O próprio Donald Johanson "partilhava do sentimento" de que os Neandertais pertenciam à nossa própria espécie quando escreveu *Lucy: The Beginnings of Humankind*, em 1981. De lá para cá ele mudou de idéia, por motivos que ilustram muito bem a rapidez com que as coisas estão mudando na antropologia e o porquê de as discordâncias ainda serem tantas e tão profundas.

"Lucy", 40% do esqueleto de uma mulher jovem, descoberto por Johanson e seus colegas franceses em 1974, tornou-se a descoberta arqueológica mais famosa desde o Homem de Piltdown — exceto pelo fato de que não há a mais leve sombra de dúvida acerca da autenticidade de Lucy. Descoberta em Hadar, na região de Afar, na Etiópia, ao lado de fragmentos de mais treze esqueletos encontrados em 1975, Lucy e sua família, que podem ter morrido numa enchente repentina, conquistaram rapidamente, e por diversos motivos, a imaginação do público. São os únicos fósseis de seres pré-humanos de um período correspondente a 3-4 milhões de anos atrás, e Johanson conseguiu persuadir a maioria dos antropólogos de que representam a espécie ancestral da qual descendem todos os hominídeos posteriores. Isso levou a imprensa a chamar Lucy de "a mãe de todos nós", idéia que leva em seu bojo aquela espécie de romantismo misterioso capaz de atrair a atenção de um público bem amplo. Porém, será que isso significa que Lucy e sua espécie, que Johanson chamou de *Australopithecus afarensis*, constituem o "elo perdido" entre os macacos e o ser humano? A resposta a essa pergunta é bem complexa. No fim, tal resposta pode se resumir a um "talvez" ou a uma outra pergunta: O que significa realmente a expressão "elo perdido"?

O termo *Australopithecus* é usado para designar todo um gênero de hominídeos, constituído de pelo menos cinco espécies diferentes. A espécie de Lucy, os *afarensis*, data de pelo menos 3,5 milhões de anos atrás, mas há outras que surgiram muito depois, e o gênero como um todo extinguiu-se há cerca de 900.000 anos. O assunto se complica um pouco mais pelo fato de os antropólogos terem dividido o gênero Australopiteco em dois grupos distintos: o *grácil* e o *robusto*, palavras deixadas à livre interpretação do ouvinte. Em seu livro *Ancestors*, Johanson observa que esses nomes são enganosos, pois evocam a imagem de "bailarinos contra lutadores de luta livre", ao passo que, na realidade, ambos os tipos de Australopiteco tinham mais ou menos o mesmo tamanho. É certo que essa semelhança não pode ser provada com absoluta certeza, uma vez que a maior parte dos indícios fósseis de que dispomos são crânios e dentes; mas esses mesmos crânios, com as indicações que nos dão acerca do tamanho do cérebro e das características faciais, constituem os indícios mais significativos. Ao crer nesses indícios, os Australopitecos da África dividem-se nitidamente em suas espécies gráceis (a *afarensis*, de Lucy, e uma espécie posterior, a *africanus*) e três espécies robustas.

Nem todos os antropólogos contentam-se com essas interpretações derivadas dos crânios, e acham que elas tendem a pôr em segundo plano certas diferenças essenciais. Por exemplo, um debate educado, mas veemente, foi travado entre o anatomista Owen Lovejoy, que fez as primeiras análises dos ossos de Lucy, e uma equipe da Universidade estadual de Nova York de Stony Brook, comandada por Randy Susman. Como observa Ian Tattersall, do Museu Norte-

Americano de História Natural de Nova York, Lovejoy concebe Lucy como "uma bípede perfeitamente adaptada" que vivia no chão e andava ereta, ao passo que Susman e seus colegas "indicam as mãos e pés longos e ligeiramente curvos como sinais de que esses humanóides costumavam dormir nas árvores para garantir sua segurança e talvez obtivessem das árvores boa parte de seus alimentos". O ponto de vista de Susman dá a entender que Lucy e sua espécie eram mais primitivas do que crêem Lovejoy e Johanson. Esse debate perdura desde o começo da década de 1980 e desceu a detalhes quase insignificantes, a ponto de se poder desculpar o leitor leigo que dá de ombros e diz: "Mas que importa isso?" Porém, o debate tem suas conseqüências. Se Lucy era mais próxima dos macacos do que dos homens, seu posto de "mãe de todos nós" parece menos garantido, muito embora aumentem as possibilidades de que seja ela o "elo perdido". Entretanto, ambos os lados evitam chegar a esse ponto e mencionar essas conseqüências, por um motivo muito simples: há outros hominídeos, mais próximos de nós no tempo, que são objeto de discordâncias muito mais importantes.

No decorrer do século XX, nosso conhecimento dos precursores do gênero humano e dos primeiros seres humanos aumentou muito, em decorrência da descoberta dos ossos de hominídeos humanos e pré-humanos, entre os quais o fóssil do Homem de Pequim, encontrado na China na década de 1920, os fósseis do Homem de Java, desenterrados nessa ilha na década de 1930, os fósseis de Mungo, encontrados na Austrália no começo de 1968, e as descobertas feitas em Israel a partir de 1960, que culminaram com a descoberta do esqueleto quase completo de um Neandertal do sexo masculino, já mencionado, em 1983. Todas essas descobertas, porém, geraram uma nova controvérsia. Os fósseis encontrados na África durante o século XX — os descobertos pelos Leakeys (Louis, sua esposa Mary, seu filho Richard e sua nora Meave) na Garganta de Olduvai, no norte da Tanzânia, perto da planície do Serengeti; a descoberta de Lucy em Hadar, na Etiópia; e as descobertas anteriores de Raymond Dart em Tuang, na África do Sul — convenceram quase todos os estudiosos desse ramo da ciência de que o desenvolvimento dos hominídeos até o surgimento do *Homo erectus*, que vivia na África há cerca de um milhão de anos, ocorreu exclusivamente nesse continente. A partir desse ponto, porém, as opiniões seguem dois ramos divergentes.

O ramo dos que defendem a hipótese de um desenvolvimento humano "a partir da África" afirmam não só que *todas* as espécies de hominídeos anteriores à nossa surgiram na África, mas também que os primeiros membros da nossa própria espécie, *Homo sapiens*, surgiram somente nesse continente entre 500.000 e 100.000 anos atrás e subseqüentemente espalharam-se pelo globo, migrando para o norte até a Europa, para o leste até a Ásia (passando pela atual Israel e pelo Iraque) e finalmente, de barco, até as ilhas do Pacífico Sul e a Austrália. Os defensores do outro ponto de vista, chamado de "multi-regional", sustentam que foi o *Homo erectus* que saiu da África e espalhou-se pelo resto do mundo, e que o *Homo sapiens* desenvolveu-se independentemente em muitas partes do globo, adquirindo características raciais diversas determinadas pela variação das condições ambientais e climáticas.

Não há dúvida de que o *Homo erectus* de fato saiu do continente africano — encontraram-se vestígios de seres dessa espécie em muitos lugares, da China até a Austrália. A espécie era perfeitamente apta a empreender longas viagens; seus membros eram mais altos do que nós e apresentavam certas diferenças no esqueleto que lhes dariam um vigor e uma velocidade enormes ao andar a pé. Mesmo considerando que o *Homo erectus* tenha sido capaz de percorrer o planeta inteiro num período de alguns milhares de anos, esse fato, por si só, não prova que, em todos os lugares para onde foi, a espécie evoluiu e transformou-se no ser humano moderno. Os defensores da hipótese multi-regional insistem em que foi exatamente isso o que aconteceu, mas os adeptos da idéia "da África para o mundo" dizem que não: que o ser humano moderno surgiu do *Homo erectus* somente na África e depois se espalhou pelo mundo como o mesmo *Homo erectus* fizera no passado, deslocando e sobrepujando as espécies mais antigas, bem como os seres humanos "arcaicos" que haviam evoluído a partir delas em outros lugares.

Os argumentos apresentados por ambos os lados, neste debate, parecem muito convincentes quando são considerados isoladamente. Porém, quando se contrapõem, as fragilidades de ambas as hipóteses tornam-se evidentes. Atualmente, os fiéis da balança podem ser os fósseis encontrados nas cavernas da foz do Rio Klaises, no litoral do Cabo, África do Sul. Várias técnicas de datação foram utilizadas para determinar a idade desses fósseis, que parecem ter vindo de seres muito semelhantes a nós; os resultados situam-nos numa época que varia de 75.000 a 115.000 anos atrás. Não há outros vestígios de seres humanos anatomicamente modernos (*Homo sapiens*) que datem de uma época tão remota, em nenhum outro lugar do mundo. É verdade que alguns dos defensores menos parciais da tese africana dispõem-se a admitir que fósseis tão antigos do *Homo sapiens* podem existir na China ou em Java; mas, até que esses fósseis sejam encontrados, a possibilidade de que os seres humanos tenham surgido somente na África continua sendo a hipótese mais plausível. Deve-se observar que o novo ramo científico da "análise evolutiva do DNA", o qual por sua própria existência já suscita controvérsias, corrobora claramente a tese dos africanistas.

Essa tese tem outros atrativos. Permite que uma linha de transformação evolutiva seja facilmente traçada num único continente, desde Lucy e sua família de *afarensis*, há cerca de 3,5 milhões de anos atrás, até a presença de seres humanos modernos, há aproximadamente 100.000 anos. Segundo esse modo de ver as coisas, Lucy seria uma "tataravó" do gênero humano moderno, muito embora possa ter sido também a "ancestral" de outros ramos de hominídeos que por fim vieram a desaparecer. Cerca de um milhão de anos atrás, surgiu nosso ancestral mais imediato, o *Homo erectus*. Segundo essa hipótese, a própria Lucy seria o "elo perdido" entre os macacos e as espécies de hominídeos cujo desenvolvimento culminou, por fim, na nossa própria espécie. Há, porém, um outro mistério a ser considerado, o qual sugere a existência de um tipo completamente diferente de elo perdido.

Precisamos voltar agora à história dos homens de Neandertal. Como já dissemos, esses hominídeos foram considerados brutos e subumanos por quase um século, e, depois, quando o pêndulo balançou para o lado oposto, na década de 1950, passaram a ser tidos como nossos ancestrais mais imediatos, colocados entre o *Homo erectus* e nossa própria espécie. Entretanto, essa opinião, que ainda é sustentada por alguns, viu-se seriamente atacada em 1988, quando uma nova técnica de datação, chamada de termoluminescência (TL), foi desenvolvida pela arqueóloga francesa Helene Valladas, que trabalha no Centro de Baixa Radioatividade de Gif sur Yvette, na França. A datação por carbono, que só surgiu nos anos 1950, permitiu que os cientistas fixassem datas recuadas em até 40.000 anos pela medição da decomposição radioativa dos fósseis e do terreno circundante; a TL, porém, permitiu que, em alguns casos, se medissem datas recuadas de até 300.000 anos. Essa técnica provou, além disso, as afirmações dos arqueólogos Ofer Bar-Yosef e Bernard Vandermeersch: de que os indícios encontrados em vários sítios arqueológicos em Israel dão a entender que os seres humanos modernos e os Neandertais estavam vivendo naquela parte do mundo *ao mesmo tempo*, e de que as duas espécies provavelmente interagiam entre si.

Na década de 1990, ficou provado que isso realmente aconteceu, e que os Neandertais parecem ter aprendido com os seres humanos (também chamados de *Homo sapiens*) a fazer ferramentas de pedra mais sofisticadas do que as que haviam desenvolvido por conta própria. Além disso, ficou claro que os seres humanos chegaram àquela região antes dos Neandertais: há cerca de 90.000 anos. Isso fez ir por água abaixo a idéia de que os Neandertais seriam nossos antepassados mais imediatos. Embora os primeiros Neandertais sejam muito mais antigos, uma vez que apareceram há pelo menos 180.000 anos, os Neandertais e os seres humanos do período de Cro-Magnon coexistiram por dezenas de milhares de anos, e só podem ser vistos como duas espécies separadas. O grau de interação que existia entre as duas espécies é uma questão em aberto.

Em seu livro de 1995, chamado *The Last Neanderthal*, Ian Tattersall começa por imaginar duas cenas fictícias bem diferentes. Na primeira, uma mulher de Neandertal idosa (ou seja, com quarenta e poucos anos, uma vez que conhecemos poucos Neandertais que tenham vivido muito mais do que isso) vê seu neto "humano" acendendo uma fogueira. Esse neto é o resultado de ela ter concordado, na juventude, em ter relações sexuais com um dos "intrusos" de estatura elevada que apareceram não se sabe de onde e cuja bagagem genética prevalecera sobre a sua. Na segunda cena imaginária, "o último Neandertal" é um ser do sexo masculino perseguido e morto por um desses grupos de intrusos, que chamamos de Cro-Magnons. Essas duas cenas representam duas escolas de pensamento. Será que os primeiros seres humanos acasalaram com os Neandertais e levaram-nos à extinção pela superioridade genética, ou será que os exterminaram violentamente?

Há uma terceira possibilidade que vem ganhando mais adeptos. Muitos arqueólogos, anatomistas e especialistas na extinção das espécies consideram possível que em muitos lugares, entre os quais as regiões de Israel sobre as quais já falamos, as duas espécies tenham coexistido por milhares de anos, incapazes de gerar descendentes híbridos mas vivendo em relativa harmonia, desde que houvesse alimento suficiente para ambos os grupos. Segundo essa hipótese, os Neandertais morreram simplesmente porque não eram tão espertos e porque viviam menos e, assim, não eram capazes de se reproduzir tanto quanto os Cro-Magnons. O que quer que tenha acontecido, a maioria dos especialistas faz questão de dizer que os Neandertais foram os hominídeos mais avançados sobre a Terra por um período pelo menos duas vezes maior do que o período total de existência do homem moderno; não devem, portanto, ser desprezados. Em outras palavras, temos de esperar mais uns cem mil anos para depois começar a nos vangloriar.

Apesar de todos os registros fósseis encontrados nos últimos cem anos e apesar do grande conhecimento que adquirimos acerca dos desenvolvimentos evolutivos que deram origem ao *Homo sapiens*, continuamos sem saber coisa alguma sobre longos trechos desse período de 3,5 milhões de anos desde a existência de Lucy. Comparados à nossa ignorância, nossos conhecimentos são insignificantes. Novas escavações arqueológicas e o desenvolvimento das técnicas de datação e das pesquisas com o DNA podem vir a nos dar ainda mais informações, mas parece que numerosos "elos perdidos" vão continuar perdidos — não somente no sentido da oposição entre um esqueleto de verdade, como o de Lucy, e uma fraude como a do Homem de Piltdown, mas também no sentido da falta de uma compreensão verdadeira das mudanças que aconteceram na longa sucessão dos hominídeos, muitos dos quais extinguiram-se sem deixar vestígios.

Por que os hominídeos ficaram de pé e começaram a caminhar sobre duas pernas? Os especialistas têm lá as suas idéias, mas não têm conhecimento. Será que as florestas da África estavam diminuindo de tamanho? Será que a planície do Serengeti lhes parecia convidativa e oferecia outros tipos de alimento que exigiam, por sua vez, outro tipo de locomoção para serem capturados? Será que os papéis sexuais e o cuidado das crianças tiveram seu papel? Ou será que foi apenas um desenvolvimento anômalo, uma espécie de acidente evolutivo? Afinal de contas, a existência bípede é, nas palavras de Donald Johanson, "um dos comportamentos mais estranhos encontrados na natureza". Causa problemas de todo tipo, alguns dos quais ainda nos afetam sob a forma de dores nas costas. Num nível mais profundo, exige uma reconfiguração da região pélvica, que se torna menor; por outro lado, para sobreviver, os bípedes precisam de um cérebro maior.

A conseqüência disso foi que os bebês humanos tiveram de passar a nascer com o cérebro menos desenvolvido; caso contrário, a cabeça deles não passaria pelo canal do nascimento. O cérebro humano mais que dobra de tamanho no primeiro ano de vida, e só atinge o tamanho adulto aos seis ou sete anos. Isso significa que as crianças dos seres humanos precisam de cuidados muito mais prolongados do que os filhotes dos macacos. Isso, por si só, exigiria um cérebro maior ainda, capaz de administrar os cuidados que devem ser dados às crianças; exigiria também uma organização social mais sofisticada, para criar a estrutura de apoio necessária.

A postura ereta determinou, assim, outras mudanças evolutivas, que por sua vez determinaram ainda outras. Depois de quase 4 milhões de anos de mudanças, os verdadeiros seres humanos começaram a aparecer. No decorrer de todo esse período, e a cada passo, existem mistérios que vão muito mais fundo do que a mera cadeia física que os arqueólogos escavam nos desertos, cavernas e pântanos. Essas mudanças estão começando a ser vistas como um tipo mais profundo — e mais sutil — de elo perdido, que não pode ser encontrado por meio dos indícios fornecidos por qualquer crânio ou esqueleto.

O maior mistério é o que aconteceu há cerca de 100.000 anos, quando os Neandertais, com suas fogueiras e ferramentas primitivas, já eram, havia muito tempo, os seres mais avançados da Terra. Foi então que surgiu outra espécie, vinda da África ou da caverna vizinha, dotada de maior capacidade de fala e da capacidade de fazer ferramentas ainda melhores. Mesmo esses desenvolvimentos, porém, não se comparam com o aparecimento súbito, entre os Cro-Magnons, do impulso de criação artística. Existem objetos, cavalos esculpidos, por exemplo, que datam de 32.000 anos atrás, e pinturas rupestres, como as de Lascaux, na França, que datam de há 17.000 anos. Os Neandertais tinham o fogo e as ferramentas, e parecem ter sido capazes de fazer ferramentas melhores depois de ver as que os seres humanos faziam — mas não criavam arte. A arte representava o começo de um novo modo de pensar, de um pensamento simbólico que culminaria, ao fim e ao cabo, na linguagem escrita e nos primeiros registros da história humana. Alguma nova ligação ocorrida no cérebro humano, algum vínculo neural que os Neandertais não tinham, ocasionou o nascer da civilização. Como ocorreu essa ligação? Não sabemos, e poucos cientistas acreditam que um dia saberemos. É esse, em última análise, o verdadeiro elo perdido.

⚛ Para Saber Mais

Johanson, Donald, Leonora Johnson e Blake Edgar. *Ancestors: In Search of Human Origins*. Nova York: Villard Books, 1994. Este volume, feito para acompanhar uma série de televisão da Nova (disponível em vídeo através da WGBH, de Boston), é ao mesmo tempo acessível e detalhado, pois apresenta exaustivamente as informações relativas a este campo de estudos com espírito de justiça. É verdade que Johanson (apesar dos colaboradores, o livro é escrito na primeira pessoa do singular) salienta, naturalmente, suas próprias conclusões acerca do desenvolvimento e da disseminação do *Homo sapiens* pela Terra, mas ele dá oportunidade para que os defensores de outras opiniões apresentem seus próprios pontos de vista.

Johanson, Donald, com a colaboração de James Shreeve. *Lucy's Child: The Discovery of a Human Ancestor*. Nova York; Simon & Schuster, 1981. Algumas das informações apresentadas neste livro estão ultrapassadas em virtude das descobertas mais recentes (inclusive descobertas do próprio Johanson), mas a descoberta de Lucy e sua família foi um dos acontecimentos mais importantes da história da antropologia, e este relato detalhado é uma leitura fascinante.

Tattersall, Ian. *The Last Neanderthal*. Nova York: Macmillan, 1995. Este livro de formato grande, profusamente ilustrado, leva o subtítulo de "The Rise, Success, and Mysterious Extinction of Our Closest Human Relatives" ["A Ascensão, o Êxito e a Misteriosa Extinção dos Nossos Parentes mais Próximos"] e é ao mesmo tempo divertido e repleto de informações. Tattersall, catedrático e curador do Departamento de Antropologia do Museu Norte-Americano de História Natural de Nova York, conhece a sua especialidade, embora não apresente um relato completo das discordâncias existentes nesse campo, como faz Johanson em *Ancestors*.

Jolly, Alison. *Lucy's Legacy*. Cambridge, Massachusetts: Harvard University Press, 1999. Para os que procuram um outro ponto de vista sobre a evolução e a ascensão do ser humano, Jolly, uma das maiores primatologistas do mundo, oferece uma visão que dá mais ênfase à cooperação do que à "sobrevivência dos mais aptos" como elemento determinante da evolução, particularmente no que diz respeito aos primatas. Este livro tem sido muito elogiado pela espirituosidade com que foi escrito e por ter dado destaque às contribuições das fêmeas para o desenvolvimento das espécies primatas.

Nota: São inúmeros e infindáveis os debates sobre questões antropológicas e sobre a evolução do ser humano, e novas tecnologias e modalidades de pesquisa surgem a cada passo. Por isso, os leitores que se interessam especialmente por este tema devem ficar de olhos abertos para as novas reportagens, veiculadas por jornais e revistas, sobre as últimas mudanças científicas. Pode ser, por exemplo, que os especialistas em análise do DNA ponham em xeque os arqueólogos num futuro não muito distante.

8

O QUE CAUSOU O "BIG-BANG" DA CULTURA HUMANA?

Na caverna de Pech-Merle, em Lot, na França, há um cavalo pintado sobre uma parede de rocha cujo formato sugere naturalmente a silhueta do animal. O cavalo está rodeado de grandes manchas de tinta e das marcas de mãos humanas. É impossível datar com precisão essas pinturas, mas admite-se que foram feitas durante o período Aurignaciano, de 35.000 a 25.000 anos atrás. A cabeça de marfim da "Vênus" de Brassempouy, em Landes, na França, foi entalhada entre 27.000 e 22.000 anos atrás. Esculturas, relevos e pinturas produzidas a partir daquela época já foram encontradas em todas as partes do mundo, muito embora em todos os lugares, exceto na Europa, elas tenham sido criadas ao ar livre, o que evidentemente diminui as suas chances de preservação. Embora esses vestígios artísticos das sociedades de caçadores e coletores sejam muito antigos, está claro que os seres humanos surgiram sobre a Terra há muito mais tempo, até mesmo há cerca de 100.000 anos, coexistiram com os Neandertais por milênios na Europa e suplantaram, em outras partes, as espécies anteriores de hominídeos (ver o Capítulo 7). Pode ser que obras de arte tenham sido produzidas há mais do que 35.000 anos e simplesmente não tenham chegado a nós, mas pode ser também — e é nisso que acreditam a maior parte dos cientistas — que os primeiros seres humanos tenham levado dezenas de milhares de anos para chegar a um tal nível de sofisticação.

Por que os seres humanos levaram tanto tempo para começar a fazer representações do mundo que os cercava? De acordo com uma certa opinião, a vida naquela época era tão difícil, e a sobrevivência uma tarefa tão penosa e exaustiva, que as pessoas simplesmente não tinham tempo para criar objetos de arte. Segundo essa mesma linha de raciocínio, o surgimento da criatividade teve de esperar até que se formassem comunidades de seres humanos maiores e mais estáveis, baseadas na cooperação de uns com os outros. Supõe-se que, em tais comunidades, as pessoas dotadas de habilidade para o desenho ou para a escultura tinham uma posição social especial e tinham, portanto, tempo para fazer suas obras maravilhosas. Aos nossos olhos, boa parte das obras de arte pré-históricas são bonitas. Entre pessoas para quem o cúmulo da realização técnica era a capacidade de fazer uma ferramenta de sílex mais eficiente, a habilidade artística deve ter provocado em alguns uma grande admiração, ao passo que outros a viam com a mais absoluta indiferença. Entretanto, é evidente que a apreciação por esse novo modo de expressão cresceu, pois ele foi se tornando cada vez mais comum.

Surgiu outra escola de pensamento acerca dos primórdios da arte pré-histórica. Os crânios dos primeiros seres humanos, antes mesmo do surgimento das primeiras obras de arte, têm uma estrutura semelhante à dos nossos. Pode ser, contudo, que o cérebro dentro do crânio não estivesse ainda completamente desenvolvido — restavam ainda algumas ligações neurais a serem feitas, que permitiram a criação de obras de arte. Este ponto de vista não tem muito o que apresentar em seu favor, pois o cérebro é feito de carne e, portanto, apodrece e vira pó rapidamente. Se, por hipótese, se encontrasse o cérebro fossilizado de um dos primeiros seres humanos (como aconteceu, ao que parece, com um coração de dinossauro), mesmo assim não seria possível dissecá-lo para examinar as diferenças entre esse cérebro e o nosso. Mesmo atualmente, o funcionamento do cérebro é um ponto bastante obscuro para nós. Não obstante, sabemos que nossas crianças começam a desenhar assim que dispõem de habilidade manual suficiente para segurar um lápis na mão. Parece uma capacidade inata, apresentada até pelas crianças que, depois de crescidas, demonstram não ter nenhum talento artístico. Mas será que esse instinto já existia 50.000 anos atrás?

As obras de arte criadas no mundo inteiro na época pré-histórica são bastante uniformes no que diz respeito às técnicas e aos materiais utilizados. Para os desenhos e pinturas, os materiais eram carvão e pigmentos minerais, como os óxidos de manganês; os relevos e esculturas eram feitos com ferramentas de pedra mais dura do que a pedra calcária ou o marfim que estavam sendo entalhados. Os únicos objetos representados eram animais, figuras humanas e sinais abstratos. Não havia desenhos de frutos, nem de flores, nem de paisagens. Tal uniformidade, porém, não existe no simbolismo da arte, que varia muitíssimo de um lugar para o outro, refletindo claramente uma enorme diversidade de mitos e costumes, mesmo em regiões contíguas da França, da Índia ou da África do Sul.

Segundo diversos especialistas, a semelhança de técnicas reflete o fato de que os artistas pré-históricos usavam os pigmentos e ferramentas mais facilmente encontrados no mundo inteiro. Por outro lado, a diversidade simbólica deixa claro que essas miniculturas não interagiam a ponto de partilhar das mesmas crenças e costumes. Nos últimos anos, ficou bem claro que até mesmo os últimos Neandertais, que viviam na mesma época em que os homens de Cro-Magnon, foram capazes de aprender a melhorar suas ferramentas, seguindo o exemplo dessa espécie mais nova e mais inteligente. Não obstante, não ocorria ainda aquele tipo de interação cultural que a certa altura daria origem a sociedades grandes e coerentes, como as da Mesopotâmia e do Egito.

Na década de 1950, uma das teorias mais aceitas pelos antropólogos rezava que a "civilização" surgiu quando pequenos grupos separados de seres humanos encontraram-se pela primeira vez. As diferenças entre seus costumes e mitos teriam criado ondas de choque nas faculdades perceptivas dessas pessoas, desencadeando mudanças pela primeira vez em centenas, talvez milhares de anos. O "choque do novo" alterou para sempre as sociedades estáticas, criando inevitáveis conflitos, mas lançando também as sementes de um crescimento futuro. O advento da técnica de datação pelo carbono, no final da década de 1950, desacreditou essa teoria, pois ficou claro que essas interações já haviam ocorrido e haviam afetado, por exemplo, as técnicas de fabricação de ferramentas, sem porém desencadear mudanças nos aspectos mais simbólicos das diversas culturas. A este respeito, deve-se observar que as cavernas decoradas existentes em diversas áreas da Dordonha, na França, têm em comum a forma "tectiforme", que não era usada em outras regiões nessa mesma época. Porém, essa característica "arquitetônica" comum não era acompanhada de uma semelhança artística, uma vez que as pinturas existentes nessas cavernas são todas muito diferentes umas das outras.

É verdade, portanto, que a criação de pinturas e esculturas simbólicas serve para distinguir o *Homo sapiens* dos hominídeos anteriores a ele, mas não parece ter servido de estímulo ao surgimento do que hoje chamamos de civilização. Esta teria de esperar pelo surgimento da linguagem escrita e da matemática — uma longa espera, aliás. Os exemplos mais antigos de arte pictórica remontam a 30.000 anos atrás, ao passo que a linguagem escrita só começou a ser desenvolvida há meros 7.000 anos; e a matemática só apareceu há 5.000 anos.

"Civilização" é uma palavra complicada. A primeira acepção que lhe é dada pela maioria dos dicionários é a de um processo — o ato de civilizar-se ou tornar-se civilizado. Em segundo lugar, ela é definida como um estado ou condição, caracterizada por uma ordem superior de organização social e avanços nas artes e ciências. O terceiro sentido faz referência a culturas inteiras — quer a cultura de um estado nacional, como o Japão, quer a de um período histórico, como a Era de Ouro de Atenas. Provavelmente, a definição mais controversa seja a quarta, que foi tema de muitas discussões. Eis como é formulada pelo *Webster's Unabridged*: "os países e povos que se considera terem alcançado um elevado estágio de desenvolvimento social e cultural". Esta quarta definição suscita algumas perguntas: "Quem está afirmando isso? Quem é o juiz do estágio de desenvolvimento dos povos? Será que esse juízo está sendo feito com bastante discernimento?"

O problema se torna evidente na conquista das Américas pelos europeus de raça branca, a contar da viagem de Colombo, em 1492, até a derrota final das tribos indígenas norte-americanas nos Estados Unidos do século XIX. Os povos das Américas eram quase sempre considerados "selvagens" pelos europeus, apesar do fato de os maias (como mostraremos em detalhes no Capítulo 13) terem mais conhecimentos de astronomia do que qualquer cientista europeu na época em que foram conquistados. Na América do Norte, a Liga dos Iroqueses — uma confederação de tribos do leste — foi apresentada por Benjamin Franklin, na década de 1740, como um modelo a ser seguido pelas colônias caso estas quisessem constituir um governo próprio. Na Liga, as mulheres tinham direito a voto, direito esse que não foi garantido pela constituição original dos Estados Unidos da América nem era oferecido pela Atenas de Péricles, freqüentemente citada como a precursora da democracia ocidental. E então? Quem é civilizado e quem não é?

Para evitar cair nesse tipo de contradição, parece-me importante restringir tanto quanto possível a definição de civilização nas páginas seguintes. Não estarão em questão, aqui, os costumes sociais, nem as crenças religiosas, nem a exploração de outros seres humanos (mulheres inclusive), nem as formas de governo. Não importa saber se um indivíduo tinha várias esposas, ou era canibal, ou era senhor de escravos. Não estamos falando de questões morais — e ponto. Examinaremos, isto sim, o como, o porquê e o quando da grande linha divisória entre os primeiros seres humanos, que eram pouco mais do que animais muito inteligentes, e seus descendentes, que começaram a criar línguas rudimentares e chegaram a descobrir as bases da matemática. A civilização, neste sentido, começou com a criação de palavras que designassem as realidades externas, e de símbolos que pudessem ser usados para representar diversas coisas e facilitar o intercâmbio dessas coisas.

O desenvolvimento evolutivo de uma laringe um pouco mais baixa é um dos fatores cruciais que distinguem os seres humanos dos hominídeos anteriores. Essa nova laringe não só permitiu uma escala vocal mais grave e mais modulada como também foi uma mudança diretamente relacionada a desenvolvimentos da coluna vertebral que facultaram a postura ereta e uma posição da cabeça propícia ao desenvolvimento de um crânio maior. Esse vínculo entre laringe mais baixa e cérebro mais volumoso pode significar ou não que a linguagem falada se desenvolveu rapidamente. É impossível saber quando a linguagem se desenvolveu. Qualquer pessoa que já foi a um país estrangeiro, cuja língua não conhece, sabe que é perfeitamente possível, em caso de necessidade, veicular mensagens bastante complexas por meio de gestos, expressões faciais e sons de protesto, pedido ou satisfação, cuja semelhança com a linguagem falada é apenas superficial. O estudo dos chimpanzés, nas últimas décadas, deixou claro que esses animais são capazes de estabelecer uma comunicação complexa uns com os outros fazendo uso desses meios. Com efeito, a famosa chimpanzé Washoe aprendeu a usar a linguagem de sinais dos surdos-mudos e conseguia representar mais de 100 palavras. Há controvérsias quanto em que medida ela sabia o que estava fazendo, mas suas conquistas deixaram claro que os primeiros seres humanos podem ter sido capazes de comunicar muitas coisas sem fazer uso da comunicação oral.

Não é possível saber quando e como a linguagem falada se desenvolveu. Aliás, a própria ligação entre linguagem falada e linguagem escrita nos é obscura. As línguas românicas, entre as quais contam-se o italiano, o francês, o castelhano, o português e até o romeno, são todas derivadas do latim, que era, como se sabe, uma língua escrita; mas as famílias das línguas eslavas (o russo, o polonês e o sérvio-croata) e das línguas germânicas (inglês, alemão e dinamarquês) constituem um caso muito diferente. Nas palavras de Merrit Ruhlen, da Universidade Stanford, "A situação mais comum é aquela em que a língua-raiz não era escrita, e os únicos indícios que temos dela são suas descendentes modernas." Como não existem registros escritos das línguas ancestrais que deram origem às línguas eslavas ou germânicas, "essas duas línguas — que devem ter existido, como existiu o latim — são chamadas respectivamente de proto-eslava e proto-germânica". Não admira que os romanos, com sua extensa literatura latina, tenham subestimado os "bárbaros" do norte, que não tinham língua escrita mas mesmo assim conseguiram saquear Roma.

Beowulf, a mais antiga epopéia escrita em língua inglesa — escrita, aliás, em inglês antigo, que é tão diferente do inglês moderno que precisa ser traduzido —, só foi escrita no começo do século VIII. O fato de o inglês — a mais flexível de todas as línguas, que tem suas raízes nas línguas germânicas mas é dotada da propensão de tomar emprestadas palavras de qualquer língua sobre a face da Terra — só ter aparecido em época tão tardia não agrada ao ego anglo-saxão (me desculpe, mas ninguém escrevia nada na Camelot do Rei Artur), mas é sinal de uma realidade importante. A história inglesa transcorreu por um bom tempo

Esta tabuleta de argila sumeriana é um registro de empréstimos e pagamentos de cevada entregues a trabalhadores em diversos templos. Datada de 2048 a.C. (ano quadragésimo sétimo do reinado de Shulgi, rei de Ur, no sul do atual Iraque), é escrita numa forma plenamente desenvolvida de escrita cuneiforme sumeriana. Cortesia do Museu britânico, Departamento de Antigüidades Asiáticas Ocidentais; 14318.

antes que houvesse uma língua escrita; e, embora grande parte dessa história nos esteja perdida em virtude da falta de escrita, lugares como Stonehenge deixam claro que muita coisa estava acontecendo naquela época, e não há dúvida de que havia então uma linguagem falada bastante sofisticada. Não obstante, os historiadores dependem de documentos escritos, e é por isso que as primeiras civilizações que realmente conhecemos são as dos sumérios e dos egípcios.

Os sumérios habitavam a região dos rios Tigre e Eufrates chamada de Mesopotâmia (literalmente, "entre-rios"), onde hoje fica o Iraque. Há muito tempo que a Mesopotâmia é considerada o "berço da civilização", pois foi nesse vale fértil que, segundo se acredita, surgiram pela primeira vez a língua escrita e a matemática. Os registros escritos eram usados para organizar a cobrança de impostos — que mais poderia ser? Eram redigidos em placas de argila na escrita *cuneiforme*, sistema de escrita cujos caracteres são formados por traços em forma de cunha. Apresentam muita semelhança com os hieróglifos egípcios, mais conhecidos. O fato de serem inscritos em argila significa que puderam ser preservados para serem descobertos pelos arqueólogos e decifrados pelos lingüistas modernos — o que nos leva a considerar mais uma questão: É possível que um sistema de escrita anterior tenha existido, mas que, tendo sido escrito sobre peles de animais, não tenha chegado a nós.

Os primeiros exemplos de escrita cuneiforme datam de cerca de 5000 a.C. Em 1998, uma equipe de arqueólogos alemães encontrou hieróglifos egípcios em Abidos, antigo centro religioso no sul do Egito, perto de Luxor. A datação por carbono situa sua data de composição em 5300 a.C., pondo em xeque a primazia sumeriana. Descobriu-se que os hieróglifos encontrados são também registros de impostos. Por isso, qualquer que tenha sido a primeira cultura a produzir uma linguagem escrita, o objetivo era sempre o mesmo — registrar o dinheiro coletado dos cidadãos pelas classes dominantes. Como um grande número de pinturas anteriores ao surgimento da linguagem escrita são de natureza religiosa — e isso no mundo inteiro —, existem aqueles que gostariam de pensar que a civilização humana teve como ímpeto formador um impulso espiritual. Essa opinião, porém, não é neutra no que diz respeito aos valores. A religião era coisa importantíssima tanto na cultura egípcia quanto na suméria; mas, no que diz respeito à linguagem escrita, as primeiras coisas a serem feitas foram registros de impostos. Essa distinção tem sentido: a convicção religiosa pode ser medida pelos hábitos devocionais — é possível ver se a pessoa está ajoelhada ou prostrada para rezar, por exemplo. Os analfabetos podem ser tão religiosos quanto os letrados. Para registrar os impostos pagos, porém, é preciso encontrar um meio de marcá-los por escrito, e certamente não foi por acaso que a matemática também foi inventada na Mesopotâmia.

Por séculos, pensou-se que a matemática havia sido inventada na Grécia antiga — Aristóteles, Pitágoras e seus seguidores bastavam como provas desse fato. Em 1877, a decifração do Papiro Rhind, do Egito, deu indícios de que algo já estava acontecendo nesse sentido antes dos gregos, mas foi só na década de 1920 que vieram à luz tabuletas de argila da Mesopotâmia anteriores a qualquer outro documento matemático. A matemática sumeriana do terceiro milênio a.C. era semelhante à egípcia e consistia num sistema decimal aditivo, de base 10. O império babilônico que substituiu o sumério no segundo milênio a.C. adotou um sistema em que os valores eram condicionados à ordem de colocação — um sistema muito mais flexível, muito embora tivesse por base o número 60 — que, por mais estranho que possa parecer, não é divisível somente por 2 e 5, como o sistema decimal, mas também por 3 e 4. Os escribas da Babilônia começaram a trabalhar com conceitos mais avançados, resolvendo problemas lineares e quadráticos de maneira que não pareceria estranha a quem se lembra da álgebra que aprendeu no colegial. Alguns desses problemas iam além das necessidades práticas; em outras palavras, a matemática como estudo independente já estava estabelecida mais de mil anos antes do nascimento de Cristo, e vários séculos antes de Pitágoras começar a trabalhar.

Assim, tanto a linguagem escrita quanto a matemática nasceram nesse "berço da civilização" ao longo de um período de 2.000 anos, de 5000 a 3000 a.C. Não obstante, em outros recantos do mundo, os acontecimentos sucederam-se com mais lentidão. A língua chinesa só assumiu sua forma escrita por volta de 1400 a.C., e, como vimos, o desenvolvimento das línguas germânicas e eslavas foi mais lento ainda. Essas diferenças podem ser atribuídas aos mais diversos fatores, do clima às condições econômicas, e as questões que assim se levantam são debatidas *ad infinitum* pelos especialistas e eruditos. Embora haja diversas opiniões acerca de por que certas culturas demoraram mais do que outras para chegar ao mesmo ponto, não há nada de intrinsecamente misterioso nesse assunto. As diferenças de tempo não são tão extraordinárias.

O fato extraordinário é que os seres humanos levaram quase 100.000 anos para chegar a um ponto em que a linguagem escrita e a matemática tornaram-se necessárias — ou será que se tornaram *possíveis*? Quando a linguagem escrita e a matemática passaram a existir, elas se disseminaram e desenvolveram com extraordinária rapidez nas regiões adjacentes às áreas onde surgiram inicialmente. A "glória da Grécia" seguiu-se rapidamente, gerando as peças teatrais, poemas, filosofias e teorias científicas que até hoje determinam e condicionam a civilização ocidental. É óbvio que esse "Big-Bang" da cultura humana era uma explosão que estava para acontecer. Quando aconteceu, desenvolveu uma força que hoje em dia nos parece inevitável; mas ainda queremos saber por que ela demorou tanto para ocorrer.

O que se passava na mente dos seres humanos durante os primeiros 100.000 anos da sua existência na Terra? Existem indícios, talvez, nas grutas de Lascaux e nos lugares sagrados dos aborígines, no sertão da Austrália. Esses povos já eram capazes de fazer desenhos simbólicos, alguns dos quais muito bonitos, mesmo que não sejamos mais capazes de compreender seu significado. Do nosso ponto de vista, pode parecer muito pequena a distância que separa as curiosas formas geométricas encontradas na arte pré-histórica dos desenhos e símbolos organizados que os sumérios e egípcios transformaram numa linguagem. Porém, na realidade, a passagem de uma coisa a outra demorou muito mais de doze vezes o tempo que se passou entre o advento da escrita cuneiforme e a invenção da Internet.

Por muito tempo acreditou-se que a evolução demora para se fazer sentir, mas essa idéia está começando a ser posta em xeque. Como vimos no Capítulo 2, novas descobertas estão dando a entender que a vida na Terra provavelmente surgiu muito mais rápido do que se pensava antigamente — e nós ainda estamos evoluindo. De repente, na segunda metade do século XX, um número cada vez maior de crianças começou a nascer sem os desnecessários dentes do siso, que têm causado problemas à humanidade desde tempos imemoriais. Além disso, algumas crianças nasceram com uma vértebra a menos nas costas — o que vai acarretar menos dores nas costas para uma espécie que não anda de quatro, mas ereta. Por que isso demorou tanto tempo, e por que está acontecendo tão de repente? Tais mistérios do processo evolutivo suscitam uma questão especulativa ainda mais profunda. Será que, nos primeiros seres humanos, os bilhões de conexões que existem dentro do cérebro ainda não estavam plenamente formados? Será que ainda não havia certas ligações que, quando foram feitas, nos permitiram pôr nossa história por escrito e formular visões de um futuro melhor — conexões que nos permitiriam, inclusive, começar a calcular um caminho que nos levasse às estrelas?

Não sabemos — e, provavelmente, jamais saberemos.

✳ Para Saber Mais

Hooker, J.T. A Introdução a *Reading the Past: Ancient Writing from Cuneiform to the Alphabet* (de Latissa Bonfante et al.). Nova York: Barnes & Noble Books, 1998. Escrito por seis especialistas, este livro trata do desenvolvimento da escrita, desde os pictogramas até o alfabeto moderno; e a introdução de Hooker nos apresenta um panorama mais amplo que o dos ensaios específicos.

Ifrah, Georges e David Bellos. *The Universal History of Numbers: From Prehistory to the Invention of the Computer*. Nova York: John Wiley & Sons, 1999. Este livro foi muito bem recebido em diversos países em virtude da sua amplitude, profundidade e acessibilidade. Procura apresentar a história da raça humana através do relacionamento desta com os números — e alcança bom êxito nesse intento.

Potter, Simeon. *Our Language*. Nova York: Penguin Books, 1976. Existem numerosos livros sobre o desenvolvimento da língua inglesa. Este, apesar de publicado há 25 anos, é um dos clássicos na área.

Nota: Este capítulo foi baseado num grande número de referências bibliográficas. Por isso, incluí na bibliografia livros que tratam de diversos aspectos do tema em questão.

9

COMO APRENDEMOS A FALAR?

Tenho uma boa amiga, de há muitos anos, que se tornou uma das mais importantes tradutoras simultâneas das Nações Unidas. Maria tem um dom extraordinário para línguas, mesmo entre os demais tradutores simultâneos. Já estive em algumas festas que ela ofereceu, que contavam entre seus convidados pessoas de diversas nacionalidades, algumas das quais conheciam bem a língua inglesa, outras não. Maria era perfeitamente capaz de contar uma história em diversas línguas de modo que todos os presentes conseguissem entender o que ela estava falando. O mais surpreendente é que não traduzia para as outras línguas as frases que falava numa língua. Falava duas frases em inglês, outras duas em francês, mais duas em russo, e nunca repetia nenhum fato em outra língua, mas de algum modo conseguia fazer com que todos a entendessem, qualquer que fosse a sua língua de origem.

Mesmo uma pessoa tão bem dotada quanto Maria não se lembra de como aprendeu suas três línguas básicas. Sua mãe era espanhola; seu pai, italiano; e ela cresceu em Paris. Essas três línguas são para ela como línguas-mãe. O inglês, ela aprendeu na escola, e além disso passou um ano na Inglaterra. As línguas que ela aprendeu na idade adulta, especialmente o alemão e o russo, foram, para usar as palavras dela, "fruto de muito trabalho".

É o fato de aprendermos a falar — no meu caso, uma única língua; no de Maria, três — ainda na infância que torna esse tema tão fascinante, frustrante e objeto de tantas discordâncias. Todo o campo do que atualmente se chama de *psicolingüística* se vê num apuro tremendo: O "acontecimento lingüístico" está envolto num profundo mistério, mas as únicas testemunhas do que realmente acontece são novas demais para nos falar a respeito; e, quando chegam a uma idade suficiente, já não se lembram de nada.

No decorrer da maior parte da história do ser humano, o mistério da aquisição da linguagem foi, em grande medida, ignorado. As crianças aprendiam a falar a língua de seus pais, como seria de se esperar, e ponto final. Se a criança aprendia a falar num momento em que a família vivia num país estrangeiro, acontecia com freqüência de ela adquirir sem esforço algum essa segunda língua, mesmo que os pais tivessem dificuldade para aprendê-la. Os filhos muito novos dos imigrantes que chegam aos Estados Unidos, por exemplo, quase nunca têm dificuldade para passar da língua inglesa para a língua que seus pais falam em casa — mas, por outro lado, se a pessoa já está na adolescência na época em que sua família chega a este país, é possível que tenha de fazer bastante esforço para aprender a língua inglesa. Com efeito, quanto mais velha é a criança que entra em contato com uma segunda língua, tanto mais ela terá de trabalhar para aprender a nova língua e tanto maior será a possibilidade de ela conservar o sotaque estrangeiro pela vida inteira.

É justamente pelo fato de todas as crianças normais começarem a falar a língua de seus pais sem dificuldade alguma que essa transformação notável só recebeu em época bem recente toda a atenção que merece. Muitos a viam como mais um exemplo dos dons que Deus deu à espécie humana. Mesmo os que adotavam pontos de vista mais profanos tinham pouco interesse sobre o modo pelo qual as crianças aprendem a falar. Era algo que simplesmente acontecia, e esperava-se que, com o tempo, as crianças aprendessem o suficiente para que tivessem cacife para se fazer ouvir. "As crianças devem ser vistas, mas não ouvidas" — este ditado é mais do que uma simples norma de bom comportamento. As pessoas não se preocupavam com o que acontecia na mente das crianças — pelo menos os homens não tinham essa preocupação, e eram os homens que dominavam o panorama intelectual. No século XIX, e até mesmo no começo do século XX, eram as mães que tinham a incumbência de ensinar seus filhos a falar corretamente. Quando a criança atingia um grau suficiente de progresso, cabia ao pai assumir os cuidados e orientá-la na direção de assuntos mais "elevados". O jeito de a mãe falar com o filho mudava de acordo com a idade deste; começava com o "tatibitate" e culminava, por fim, com correções automáticas de gramática e uso das palavras. Ironicamente, à medida que as mulheres foram conquistando seu espaço no mundo científico e acadêmico, esses diálogos inocentes entre mães e filhos tornaram-se o objeto de debates furiosos, como veremos neste capítulo.

Apesar do papel de destaque desempenhado pela mulher na educação dos filhos, foi um homem que levou o mundo a querer saber o que se passava nas cabeças das crianças. Sigmund Freud, com suas teorias acerca do funcionamento do subconsciente e sua idéia de que as experiências reprimidas na infância causavam neuroses nos adultos, elevou a criança a uma nova posição de destaque. Se Freud tinha razão, muita coisa deveria estar acontecendo dentro daquelas cabecinhas aparentemente inocentes. À medida que os cientistas começaram a prestar mais atenção ao que as crianças faziam e aparentemente pensavam, os lingüistas, por sua vez, começaram a interessar-se de fato pelo modo segundo o qual as crianças aprendiam a usar a linguagem verbal. Os lingüistas haviam sempre se interessado pelo desenvolvimento histórico das línguas e pela decifração dos antigos escritos dos sumérios, egípcios e maias, desvendando assim os segredos das civilizações extintas. Com o novo interesse pelas línguas vivas e o modo pelo qual são adquiridas, os eruditos começaram a perceber que o mistério de como as crianças aprendem novas palavras e começam a juntá-las, não só de maneira a se fazer compreender, mas inclusive seguindo as regras da gramática, era na verdade um mistério extremamente profundo.

Os fundamentos da psicolingüística foram lançados pelo psicólogo suíço Jean Piaget, a partir da década de 1920. Piaget desenvolveu uma teoria do *desenvolvimento cognitivo* (como os seres humanos sintetizam as informações registradas pelos sentidos e fazem uso delas) segundo a qual esse desenvolvimento se dá segundo estágios seqüenciais determinados pela genética. Acreditava não só que o aprendizado da língua é inato, mas também que os novos passos adiante eram dados numa ordem precisa, determinada pelo amadurecimento da criança. Nascido em 1896, Piaget viveu até 1980 e teve tempo para tomar conhecimento de diversas contestações às suas teorias. Porém, mesmo os que acreditam que ele cometeu muitos erros são obrigados a admitir que lhe devem muito, sobretudo em virtude do modo pelo qual ele obtinha as informações sobre as quais baseou a teoria. Piaget passou muito mais tempo falando com crianças, do que qualquer outra pessoa já fizera antes dele, e passou grande parte de sua vida sentado no chão ao lado de crianças, fazendo-lhes perguntas e dando-lhes problemas para resolver. Esse modo de coletar fatos — reais ou aparentes — sobre como as crianças pensam e aprendem tornou-se um dos instrumentos básicos da pesquisa cognitiva e é usado até hoje.

Porém, à medida que um número maior de psicólogos e lingüistas começaram a estudar as crianças dessa maneira, foram se deparando com fatos que entravam em conflito com muitas das conclusões teóricas de Piaget, especialmente com sua idéia de estágios de desenvolvimento rígidos e baseados na idade, os quais implicavam que certos problemas, cuja solução dependia da lógica, não podiam ser resolvidos por crianças de 7 anos, mas estavam ao alcance das de 13 anos. Como observa Morton Hunt em seu livro *The Universe Within*, de 1982, os pesquisadores que reproduziram os experimentos de Piaget nem sempre obtiveram os mesmos resultados. "Talvez isso queira dizer que as des-

Jean Piaget, suíço, teórico do desenvolvimento, revolucionou o estudo do desenvolvimento intelectual das crianças e da aquisição da linguagem. Na década de 1920, começou a observar, a fazer experimentos e muitas vezes a brincar com crianças de diversas idades, de maneira interativa e completamente nova. Suas técnicas lançaram os fundamentos dos modernos estudos do desenvolvimento cognitivo. Cortesia de Wayne Behling, Ypsilanti Press, Michigan.

cobertas de Piaget não têm validade universal. Talvez as crianças com quem Piaget trabalhava constituíssem um grupo especial, privilegiado; talvez o modo pelo qual Piaget e seus colaboradores faziam as perguntas suscitava um raciocínio que as crianças jamais teriam feito espontaneamente; talvez Piaget, que por formação tinha a forte predisposição de atribuir enorme importância à lógica, tenha superestimado as respostas das crianças." O problema é que, segundo a crença de muitos psicólogos, os seres humanos não usam a lógica formal durante a maior parte do tempo, mas são capazes de recorrer a ela quando necessário. Como disse Hunt, a ênfase que Piaget deu aos problemas lógicos pode ter criado uma falsa impressão: o simples fato de ver uma pessoa nadando não significa que a natação seja o modo habitual pelo qual ela se movimenta. Há também o problema das diferenças qualitativas: um garoto que nada de um lado a outro da piscina não será necessariamente um campeão olímpico da prova de 400 metros a nado livre.

Na verdade, os testes de que Piaget fez uso (como o que envolve frascos cheios de um líquido incolor que pode ser afetado, ou não, pelo acréscimo de um corante) têm sido muito criticados; afirma-se que não são válidos como medida de inteligência. Eu mesmo sou testemunha de quão vagos podem ser os resultados obtidos por meio deles. Quando estava no colegial, tirava notas muito boas em inglês e em história, mas notas ruins em álgebra e geometria. Em específico, tinha problema com as operações matemáticas. Em geometria, tinha uma compreensão excelente dos elementos espaciais; e, como havia alguns problemas desse tipo nos testes de avaliação (pedia-se aos alunos, por exemplo, que respondessem quantos lados ocultos havia numa pilha de cubos), eu costumava me sair bem, para surpresa e aborrecimento dos meus professores. Todos nós temos pontos fortes e pontos fracos na mente, e, por menos que os políticos e educadores se disponham a admiti-lo, os testes nem sempre são capazes de captar a medida dessas coisas. Meu pai, professor de história norte-americana, foi por vários anos a Princeton, em Nova Jersey, para ajudar a formular as provas de qualificação dos alunos dessa disciplina. Sua principal preocupação era a de eliminar todas as perguntas que o aluno médio não teria problema para responder, mas em que os melhores veriam dificuldades, compreendendo que as respostas seriam múltiplas ou muito mais complexas. Essas diferenças no modo de pensar das pessoas, e os diversos níveis de conhecimento que atingem em campos diversos, não são somente a maldição dos testes padronizados, mas também um fator que introduz a confusão nos experimentos usados pelos psicólogos e lingüistas para sondar o mistério de como adquirimos novos conhecimentos.

Desde a década de 1960, os pesquisadores em psicolingüística, reconhecendo alguns dos problemas que advêm do fato de se trabalhar somente com crianças de diversas idades, adotaram uma série de abordagens alternativas. Alguns estudaram pessoas cuja capacidade de falar foi severamente afetada por derrames. Outros trabalharam com adultos deficientes mentais. Outros ainda, tornados famosos pelos meios de comunicação de massa, trabalharam com chimpanzés e procuraram ensinar a esses bichos o uso da linguagem de sinais, a fim de fazê-los comunicar-se de maneira "humana". Os livros de psicolingüística costumam apresentar de modo fastidiosamente detalhado os resultados dessas pesquisas, usando-os como provas desta ou daquela teoria. É verdade que alguns desses experimentos são tiradas de gênio, mas muitas vezes, embora dêem boas histórias para se contar, eles deixam a desejar no campo científico — mais ou menos o que acontece com este capítulo do livro.

Quando leio sobre esses experimentos, me lembro de uma família que conheci na infância. O pai era um famoso professor de línguas estrangeiras; a mãe era filha de um importante diplomata norte-americano das décadas de 1930 e 1940. Tinham eles um filho que, para sua decepção, não começou a falar nem com dois, nem com três, nem com quatro anos de idade. Foi submetido a todos os testes possíveis e imagináveis, mas, do ponto de vista físico, não parecia haver absolutamente nada de errado com ele. E, o que é mais estranho, é que sob todos os outros aspectos ele se comportava como uma criança perfeitamente normal. Por fim, aos cinco anos de idade, ele começou a falar — e a falar pelos cotovelos, usando um vocabulário incrivelmente sofisticado para a sua idade. Seus pais não cabiam em si de alegria, mas muitos dos especialistas que o haviam examinado e trabalhado com ele enfureceram-se. Quando lhe perguntaram por que ele não falara antes, obtiveram uma resposta muito simples: "Porque eu não queria." Na escola, tornou-se um aluno excelente, mas a raiva dos especialistas é compreensível — trata-se de um caso capaz de derrubar do pedestal muitas teorias, baseadas nos mais diversos experimentos.

Com efeito, uma das principais atividades a que se dedicam os psicolingüistas é a de puxar o tapete de outros pesquisadores e teóricos. Isso é fácil de fazer, e talvez seja esse um dos motivos pelos quais a obra do lingüista Noam Chomsky, do Massachusetts Institute of Technology (MIT), passou a dominar esse ramo da ciência nas décadas de 1960 e 1970. Steven Pinker, sucessor de Chomsky no papel de estrela máxima da psicolingüística, nos conta (em seu livro de 1994, *The Language Instinct*) a história de um casal que tinha uma filha deficiente mental que, não obstante, sabia conversar de forma loquaz e imaginativa. Depois de ler a respeito de Chomsky numa revista, os pais da garota escreveram-lhe, sugerindo que estudasse o caso da menina. A respeito disso, Pinker tece o seguinte comentário, ao mesmo tempo afetuoso e mordaz: "Chomsky é um teórico de gabinete, que não saberia distinguir o Jabba, de *Guerra nas Estrelas*, do Bicho-Papão." Conta então que Chomsky recomendou os pais da menina a um pesquisador que trabalhava diretamente com crianças. O encastelamento nessa torre de marfim de fato protegeu Chomsky da guerra cruenta que se travava entre os pesquisadores de campo, fato que, sem dúvida alguma, ajudou-o a conservar sua preeminência no ramo. Embora muitos outros tenham posto suas teorias à prova através de experimentos, ele mesmo não se envolveu diretamente com nenhum desses experimentos.

Chomsky também era um pensador brilhante. Aos 31 anos de idade, já era conhecido em sua área; mas chegou ao estrelato em 1959, quando escreveu uma crítica ferina do novo livro de B. F. Skinner, sumo sacerdote do *behaviorismo* ou psicologia comportamental. O próprio Skinner já era muito famoso pelas suas teorias acerca da maleabilidade do comportamento humano: afirmava ele que, pelo uso das técnicas corretas, o comportamento humano poderia ser mudado de forma a adequar-se a qualquer modelo desejado. Ficou, além disso, tristemente célebre por ter desenvolvido as famosas "Caixas de Skinner", gaiolas usadas para experimentos feitos com animais, e o "Guarda-Bebê", um berço de paredes de vidro no qual punha sua filhinha para dormir, às vezes, durante seus primeiros dois anos de vida.

Skinner chamou a atenção de Chomsky por ter escrito um livro chamado *Verbal Behavior* [Comportamento Verbal], no qual afirmava que a linguagem verbal nada mais era do que um "hábito" estabelecido por condicionamento. Chomsky reagiu, chamando essa idéia de "absoluta bobagem" e deixando claro que as crianças constantemente criam novas frases que não se assemelham a nada que já ouviram antes, fenômeno que não pode resultar da imitação advinda do "condicionamento". Chomsky acusou Skinner de "se fingir de cientista", e Skinner jamais chegou a se recuperar plenamente dessa acusação. Eu mesmo fiz o curso introdutório de Skinner em Harvard, que achei muito interessante, mas talvez não pelos motivos que ele esperava. Tivemos de ler seu romance *Walden Two*, sobre uma utopia na qual todos eram condicionados a desempenhar um determinado papel e ficavam felizes em desempenhá-lo. Fiquei fascinado com o modo pelo qual ele manipulava o leitor. A história sofria de problemas evidentes de lógica; mas, no momento mesmo em que estávamos dispostos a jogar o livro pela janela, ele corrigia esses problemas — pegava-nos, assim, de surpresa, de modo a conseguir transmitir uma boa quantidade de informações dúbias nas páginas seguintes. Não estou querendo dizer que as pessoas não podem ser "condicionadas", mas sim que esse processo é muito mais complicado do que pensavam Skinner e seus seguidores. Desde aquela época, o confronto entre Skinner e Chomsky tem assombrado os pronunciamentos da escola behaviorista sobre os problemas de aquisição da linguagem.

O behaviorismo leva ao paroxismo a idéia de que a "criação" (as coisas que as crianças aprendem com seus pais e outras figuras de autoridade, como os professores e os clérigos) predomina sobre a "natureza" (o animal humano biológico, que inclui a bagagem genética das pessoas). A oposição entre natureza e criação é tão antiga quanto o ser humano; e, deixando de lado a ciência, ou uma ou outra estiveram em ascensão ou em declínio dependendo da ideologia prevalecente no momento (é só dar uma olhada, por exemplo, nos debates sobre a reforma do sistema prisional). O próprio fato de esse debate ser tão facilmente desviado para favorecer a determinados objetivos políticos — e poder emaranhar-se em opiniões religiosas — torna até mesmo as teorias científicas sobre a aquisição da linguagem altamente vulneráveis a influências externas. Apesar desses potenciais perigos, Noam Chomsky foi um pensador tão brilhante que suas idéias, por certo tempo, pareciam estar acima desses problemas, muito embora ele se colocasse claramente do lado da "natureza". A "faculdade lingüística", como ela a chamou, seria uma estrutura cerebral geneticamente determinada e dotada de um "conhecimento pré-existente" de como "os objetos e as ações representados pelas locuções substantivas e verbais se relacionam entre si na qualidade de sujeito, ação e objeto", como diz Morton Hunt em *The Universe Within*. Num de seus exemplos, Chomsky faz uso de duas frases com a mesma estrutura — pelo menos superficialmente:

"João é fácil de agradar."
"João gosta de agradar."

Tente inverter a ordem dessas duas frases:

"É fácil de agradar João."
"Gosta de agradar João."

Inúmeros estudos demonstraram que as crianças percebem que a primeira frase do segundo par tem sentido e a segunda, não, a menos que se esteja falando de alguma outra pessoa que goste de agradar o João. As crianças captam este tipo de diferença entre a estrutura superficial e a estrutura profunda da linguagem em centenas de exemplos semelhantes, qualquer que seja a sua língua de origem. No alemão, a ordem das palavras é muito diferente de como é no inglês (às vezes, para quem fala inglês, as palavras do alemão parecem estar de trás para a frente), mas as crianças novas, qualquer que seja a sua língua, parecem capazes de captar as regras que governam as locuções verbais e nominais.

Chomsky, porém, não chegou a afirmar que a linguagem é uma capacidade inata. Dizer isso equivale a dizer que a linguagem existe no cérebro humano mesmo que a criança jamais tenha contato com ela. Se fosse uma capacidade inata, até mesmo um "menino selvagem" como Kasper Hauser, ou crianças maltratadas que ficam trancadas por anos e anos no porão de casa sem ter contato com outros seres humanos, poderiam ter desenvolvido uma linguagem própria, mesmo sem jamais ter ouvido nenhuma. Isso não acontece, muito embora seja possível ensinar algo da linguagem a essas crianças. Desde o começo da década de 1990, porém, muitos psicolingüistas, comandados por Steven Pinker, chegaram à conclusão de que a linguagem verbal é um "instinto" do ser humano, semelhante ao instinto que leva as aranhas a fabricar teias. "A fabricação de teias", escreveu Pinker, "não foi inventada por uma desconhecida mas genial aranha e não depende da aquisição de uma boa educação nem de uma aptidão especial para a arquitetura ou as ciências construtivas. O fato é que a aranha tece sua teia porque tem um cérebro de aranha que lhe dá o impulso de tecer e a competência necessária para fazê-lo." Pinker reconhece, ainda, que essa opinião contradiz a idéia convencional de que a linguagem é uma invenção cultural. Segundo ele, "se a postura ereta não é uma invenção cultural, a linguagem também não é". Ao lado dos morcegos, com seu sonar, e dos pássaros, capazes de migrar por milhares de quilômetros, nós somos apenas mais um número do grande espetáculo de talentos da natureza, no qual apresentamos nossa habilidade específica: a linguagem.

Desnecessário dizer que, como seu conceito de linguagem contraria o bom senso, Pinker tem seus adversários. Muitos destes não apreciam a noção de um instinto lingüístico porque ela tende a fazer tremer os fundamentos de certas idéias acerca do que é bom e correto nos seres humanos. A troca de palavras e de carinho entre mãe e filho que começa com o tatibitate, passa pelas lições de vocabulário ("olha o au-au") e chega à ocasional correção gramatical, é vista pela maioria das pessoas como um dos aspectos mais gostosos da paternidade. Quando você diz às pessoas que não é com os pais que as crianças aprendem a falar, assim como não é com eles que elas aprendem a andar, é como se desse um tiro no coração dessa crença antiga e sentimentalista. Não há dúvida de que, para que o instinto lingüístico seja ativado, as crianças precisam estar perto de pessoas que falem; mas há inúmeros estudos de muitos tipos diferentes, entre os quais alguns estudos antropológicos de sociedades nas quais os pais quase não falam com seus filhos novos, que demonstram que a aquisição da linguagem não está ligada ao fato de se falar diretamente com a criança. As crianças parecem aprender a falar com a mesma rapidez, mesmo quando a maior parte das conversas que ouvem são conversas entre adultos. Em outras palavras, elas aprendem praticamente sozinhas, e o ensino direto por parte dos pais quase não tem função.

Essa idéia perturba certas pessoas. Porém, em última análise, a antipatia cultural pela noção de um instinto lingüístico não é tão problemática quanto esta pergunta, que ainda não tem resposta: Em que parte do cérebro se localiza esse tal instinto? Uma coisa está clara: deve localizar-se no hemisfério esquerdo do cérebro. Esse fato foi provado na década de 1860 pelo médico francês Paul Broca, que dissecou o cérebro de vários portadores de deficiências severas de linguagem. Em vários deles, ele encontrou lesões no hemisfério esquerdo do cérebro, afetando o chamado córtex perisilviano, que envolve a fenda que separa o lobo temporal do restante do cérebro. Entretanto, ainda não se sabe onde, nessa área, residem os "controles" da linguagem. O problema de como eles funcionam é ainda mais difícil de resolver.

Um grande número de trabalhos novos e importantes estão sendo executados no campo das neurociências. A tomografia com emissão de pósitrons

(PET), por exemplo, nos torna visível o funcionamento químico dos órgãos, do cérebro inclusive, e vai além das imagens estruturais produzidas pelos raios X e pela ressonância magnética (MRI). Novas espécies de células cerebrais, chamadas neurônios, são descobertas constantemente. Porém, o que vamos assim descortinando é uma complexidade cada vez maior, que apresenta problemas semelhantes aos que assolam a física quântica, como veremos no Capítulo 16. O excesso de tipos de neurônios, como o excesso de tipos de partículas subatômicas, torna ainda mais difícil a compreensão das relações entre eles. Como relata John Horgan em *The Undiscovered Mind*, Tortsen Weisel, ganhador do Prêmio Nobel de 1981, não concordou com que a década de 1990 fosse alcunhada de "A Década do Cérebro", e disse que a compreensão do funcionamento cerebral haveria de levar ainda "pelo menos um século, quem sabe um milênio".

Mesmo atualmente, o pouco que se sabe acerca da convolução de Broca são conhecimentos obtidos por inferência. Pinker especula e diz que o cérebro tem certas áreas específicas para lidar com substantivos e outras para lidar com verbos. Escreve: "Talvez as regiões se pareçam com pequenas bolinhas, ou manchas, ou listras, dispersas ao redor das áreas de linguagem geral do cérebro. Podem ser linhas onduladas de forma irregular, como os distritos políticos propostos por Gerry Mander. Nas diversas pessoas, as regiões podem ser dilatadas ou concentradas em diversas circunvoluções do cérebro." Esse é um padrão que aparece em outros sistemas mais conhecidos, como o que controla a visão, mas simplesmente não sabemos o suficiente; por isso, só podemos especular.

No século XX, o estudo da aquisição da linguagem pelo menos tornou-se um campo autônomo da ciência; mas teorias, inferências e especulações não são fatos. Os fatos aparentes, como os que decorrem dos testes aplicados a crianças de diversas idades, sempre podem ser contestados. E as histórias anedóticas — observações de pessoas que sofrem de problemas de fala — são muito semelhantes aos relatos de testemunhas feitos nos tribunais e publicados nos jornais: quanto maior o número de observadores, tanto maior a diferença entre as versões. Já se disse que sabemos mais sobre o comportamento das partículas subatômicas do que sobre o cérebro humano, e é muito provável que as coisas ainda permaneçam nesse pé por algum tempo. Como somos os únicos seres sobre a Terra que sabem falar, o mistério da aquisição da linguagem talvez seja o último aspecto do funcionamento do cérebro que chegaremos a compreender plenamente.

⚛ Para Saber Mais

Hunt, Morton. *The Universe Within*. Nova York: Simon & Schuster, 1982. Embora o campo da psicolingüística tenha mudado muito desde a época em que este livro foi escrito, ele ainda é um dos livros mais acessíveis que tratam do tema e dá muitas informações importantes sobre o desenvolvimento dessa nova ciência, informações de que os livros mais recentes, por falta de espaço, simplesmente não se ocupam.

Pinker, Steven. *The Language Instinct*. Nova York: Morrow, 1994. Neste livro, Pinker faz a apresentação mais completa e mais clara de suas teorias acerca da existência de um instinto lingüístico, e trata das relações da sua obra com a de outros teóricos. Além disso, ele escreve bem; dá exemplos tirados da cultura popular para ilustrar diversas afirmações e demonstra ter um excelente senso de humor.

Pinker, Steven. *Words and Rules*. Nova York: Basic Books, 1999. Neste livro, continuação de *The Language Instinct*, Pinker desenvolve suas teorias e mostra como elas se relacionam com uma larga variedade de temas, desde as peculiaridades da língua inglesa até a história da filosofia ocidental. Trata-se, de certo modo, de um livro mais difícil de ler do que o anterior, mas os leitores que têm gosto pelos jogos de palavras vão apreciá-lo.

Chomsky, Noam. *Reflections on Language*. Nova York: Pantheon Books, 1975. Chomsky continua sendo um personagem importante e influente, e este livro, publicado no auge do seu sucesso, é um clássico em seu gênero. Consiste numa série de palestras, às quais se acrescenta um longo ensaio. Embora deva ser lido com a máxima atenção e tenha um estilo altamente acadêmico, os que se dedicam de corpo e alma ao estudo da linguagem vão beneficiar-se da sua leitura.

Horgan, John. *The Undiscovered Mind*. Nova York: Free Press, 1999. Horgan explica com toda a clareza as técnicas mais recentes empregadas para descobrir como o cérebro humano funciona e as teorias a que essas técnicas deram origem, mas chega à conclusão de que há ainda muitas dificuldades a serem superadas. Este livro é um excelente antídoto contra o excesso de divulgação e a festividade que cercam esta disciplina científica no começo do século XXI.

10

OS GOLFINHOS SÃO TÃO INTELIGENTES QUANTO O HOMEM?

Os seres humanos sempre tiveram verdadeiro fascínio pelos golfinhos. Heródoto, cujo relato das guerras dos gregos contra os persas foi a primeira narrativa histórica não vinculada a nenhuma função religiosa, contou a história — retomada e usada por Shakespeare em sua peça *Noite de Reis* — do poeta Arion, que tentou se suicidar quando seu navio foi atacado por piratas. Ciente de que tudo estava perdido, ele cantou uma última e lamentosa canção de adeus e pulou ao mar para se afogar — mas foi resgatado por um golfinho, que levou-o nas costas até a praia, nadando por quilômetros e quilômetros. Até hoje, surgem ocasionalmente em diversos lugares do mundo histórias de marinheiros e pescadores resgatados por golfinhos. Quatro séculos depois de Heródoto, Plutarco, mais um dos grandes pilares sobre os quais se apóia a literatura ocidental, deu a um de seus famosos ensaios morais o título de "Quais os Animais mais Inteligentes: os da Terra ou os do Mar", e disse o seguinte a respeito dos golfinhos: "Aos golfinhos, mais do que a todos os outros, a natureza concedeu aquilo que os verdadeiros filósofos buscam: a amizade pura e incondicional."

O caráter brincalhão dos golfinhos, que eles demonstram quando acompanham os navios em suas viagens; os diversos chamados que fazem uns aos outros, alguns altos e barulhentos como os de colegiais na hora do lanche, outros lamentosos e soturnos; o perpétuo sorriso que têm no rosto — todas essas características tornaram-nos queridos de milhares de gerações de seres humanos. Muitas vezes, mesmo o ouvinte desatento tem a impressão de que eles usam uma linguagem própria para comunicar-se entre si. Porém, foi só na segunda metade do século XX que o estudo dos golfinhos tornou-se uma atividade científica plenamente reconhecida. O antropólogo Gregory Bateson, colega de

Margaret Mead no famoso trabalho que ela fez com os nativos da Nova Guiné (Bateson e Mead casaram-se em 1936), tinha tamanho fascínio pelos golfinhos que começou a estudar o comportamento desses animais e, em 1965, conseguiu demonstrar que eles vivem em grupos sociais bastante definidos, comandados por um líder reconhecido, à semelhança dos primatas. Ao mesmo tempo, John C. Lilly, famoso pesquisador dos estados alterados de consciência nos seres humanos, estava trabalhando com golfinhos a fim de tentar determinar a medida da capacidade de comunicação deles, tanto entre si quanto com os seres humanos.

As descobertas de Bateson foram corroboradas repetidamente. Não há dúvida de que os golfinhos formam grupos sociais complexos. Já a obra de Lilly sempre foi controversa, muito embora tenha servido de inspiração a vários outros pesquisadores. Um dos experimentos que ele fez serve para deixar claro por que sua pesquisa foi considerada excelente, por alguns, e irremediavelmente falha, por outros. Lilly decidiu verificar se seria capaz de ensinar um golfinho (chamado Número 8 — ele evitava dar-lhes nomes) a repetir um assobio de determinada altura, duração e intensidade. O golfinho era recompensado com comida cada vez que acertava o assobio. Como freqüentemente acontece nesse tipo de experimento, o golfinho captou rapidamente as regras desse "jogo". Depois, o Número 8 decidiu mudar as regras por sua própria conta, elevando a freqüência dos sucessivos assobios que emitiu por seu orifício nasal. Por fim, Lilly notou que, embora o orifício se movesse como se um som estivesse sendo emitido, ele não era capaz de ouvir nada. Logo tudo se explicou. Os golfinhos são perfeitamente capazes de emitir sons que ultrapassam a capacidade auditiva do ouvido humano, embora possam ser captados por instrumentos eletrônicos. Lilly ficou maravilhado ao ver que o golfinho estava reestruturando o jogo — mais um sinal da inteligência adaptativa da qual ele lhes acreditava capazes. Não obstante, as regras já tinham sido fixadas; e, como Lilly não conseguia ouvir o som, não ofereceu a recompensa. O golfinho, a julgar pelos movimentos do orifício respiratório, tentou mais uma vez conquistar a recompensa emitindo sons inaudíveis; depois, vendo baldados os seus esforços, voltou a soltar assobios que Lilly era capaz de ouvir.

Para Lilly, o comportamento do golfinho era sinal de uma elevada inteligência, de uma notável capacidade de "fazer experimentos com o experimentador" e, ainda mais impressionante, era o fato de compreender e remediar o problema causado pelos sons excessivamente agudos. Porém, do ponto de vista dos críticos de Lilly, ele não provara absolutamente nada. Pois bem, um golfinho fora capaz de imitar uns assobios. E daí? Talvez, o fato de o golfinho ter mudado as regras do jogo não fosse sinal de inteligência, mas de estupidez. Os golfinhos são seres brincalhões; mas a atribuição de uma intencionalidade a essas brincadeiras pareceu um exagero aos olhos dos céticos. A idéia de que o golfinho estava emitindo sons mais agudos deliberadamente não passava de uma interpretação de Lilly. Tal fato poderia ter sido acidental, ou, pior ainda, poderia ter sido causado por uma incapacidade de concentrar-se na questão proposta — no caso, obter alimento mediante a produção de um determinado assobio. Em outras palavras, a suposta inteligência não estaria na cabeça do golfinho, mas na de Lilly. Críticas semelhantes foram feitas contra muitos outros experimentos realizados por Lilly — como também contra experimentos feitos com chimpanzés por outros pesquisadores. O próprio Lilly já trabalhara com chimpanzés, e descobrira que, em muitos casos, os golfinhos são capazes de aprender uma rotina de comportamento (como apertar o botão correto, por exemplo) com muito menos tentativas do que os chimpanzés. Para os críticos, porém, essa afirmativa era como comparar laranjas com maçãs. Talvez, alguns testes fossem simplesmente mais adequados para os golfinhos do que para os chimpanzés.

É grande o número de cientistas que simplesmente não gostam de nenhum experimento feito para determinar a inteligência dos animais. Acreditam que existe, por parte dos pesquisadores, uma tendência ao *antropomorfismo* — a falsa atribuição de características humanas aos animais — que inevitavelmente distorce os resultados dos experimentos. Esse não foi, porém, o único problema com que Lilly se deparou para conseguir o respeito da comunidade científica. Para começar, ele já se interessava pela percepção extra-sensorial nos seres humanos. Para cúmulo, interessou-se profundamente pelo trabalho de Carl Sagan com a Busca de Inteligência Extraterrestre (SETI — Search for Extraterrestrial Intelligence), a procura de sinais de rádio emitidos por civilizações do espaço. Aliás, Lilly chegou a afirmar que faríamos bem em aprender a nos comunicar com os golfinhos, pois isso nos dotaria de uma boa experiência quando chegasse a hora de nos comunicarmos, no futuro, com inteligências extraterrenas. É bem esse o tipo de afirmação que faz com que alguns cientistas subam pelas paredes. Outro fator que pouco contribuiu para a popularidade de Lilly entre seus colegas foi o fato de sua obra ter inspirado o romance *The Day of the Dolphin* [*O Dia do Golfinho*], *best-seller* nos EUA — um livro excelente de Robert Merle que, em 1973, foi transformado por Mike Nichols num filme horrendo. Os golfinhos eram os heróis do livro e demonstravam uma capacidade extraordinária não só de realizar tarefas específicas, mas também de distinguir o certo do errado — o antropomorfismo levado às últimas conseqüências!

Não obstante, outros pesquisadores continuaram a trabalhar com golfinhos e alguns obtiveram resultados que corroboram em grande medida a alta consideração de que Lilly tinha à inteligência dos golfinhos. Um experimento realizado por Javis Bastian com dois golfinhos chamados Buzz e Doris demonstrou que eles tinham a capacidade de comunicar idéias que podem ser consideradas abstratas. Os golfinhos foram colocados numa piscina dividida em duas por uma barreira transparente, que permitia que vissem um ao outro. Em cada um dos lados da piscina foram instalados dois botões e uma luz de controle. Quando a luz emitia um facho constante, os golfinhos deviam apertar o botão da direita; quando piscava, deviam apertar o da esquerda. Isso eles não tiveram problemas para aprender, e ganhavam comida a cada vez que passavam com sucesso no teste.

Depois, as condições do teste foram se tornando mais difíceis. Primeiro Buzz tinha de apertar o botão correto, enquanto Doris esperava. Depois, ela tinha de apertar o mesmo botão para que ambos ganhassem a recompensa. Quando eles aprenderam isso, ergueu-se no meio da piscina uma barreira opaca para que eles não pudessem mais ver um ao outro, e a luz de sinal no lado de Buzz foi desligada, ficando ligada somente a de Doris. Entretanto, os dois golfinhos ainda conseguiam ouvir um ao outro. Quando a luz contínua se acendeu, Doris esperou que Buzz apertasse primeiro o seu botão, como havia aprendido a fazer na segunda etapa do experimento. É claro que, como a luz do lado de Buzz estava desativada, nada aconteceu. Então, Doris emitiu um som. Buzz imediatamente apertou seu botão direito — muito embora não conseguisse ver luz alguma. Doris fez então a mesma coisa e ambos ganharam seus peixes. O teste foi repetido 50 vezes e, na maioria delas, Buzz apertou o botão correto, embora tenha se enganado uma ou outra vez. Esse experimento demonstrou três coisas: (1) os golfinhos são capazes de distinguir a direita da esquerda — uma idéia abstrata — sem nenhum problema; (2) Doris conseguiu comunicar a Buzz, somente através do som, se ele devia apertar o botão da direita ou o da esquerda; e (3) Doris demonstrou ter uma certa capacidade de resolver problemas, quando reconheceu a existência de uma nova situação.

No decorrer dos anos, tais experimentos, bem como a observação dos golfinhos em seu próprio hábitat, chamaram suficientemente a atenção para suscitar perguntas importantes acerca de o quanto a inteligência deles é próxima da dos seres humanos. Os primeiros experimentos de John Lilly talvez não tenham sido tão rigorosos quanto poderiam ser, mas as pesquisas subseqüentes, como o experimento feito com Buzz e Doris, corroboraram a idéia que ele fazia da inteligência dos golfinhos. Eles, de fato, são muito inteligentes — poucos são, atualmente, os cientistas que duvidam disso. Mas será que a inteligência deles é comparável à nossa em alguma medida ou sob algum aspecto?

Um dos métodos clássicos de cálculo da inteligência provável das diversas espécies consiste na comparação do peso do cérebro *com o peso total do cor-*

po. O golfinho de nariz-de-garrafa, o mais comum e mais fácil de ser encontrado, tem uma razão entre o peso do cérebro e o peso do corpo que só perde para a dos seres humanos. Em média, no ser humano, essa razão é de 2,10%; no golfinho, de 1,17%. O chimpanzé vem em terceiro, com uma razão de 0,7%. Se examinarmos somente o peso do cérebro nessas três espécies, deixando de lado por hora o peso do corpo, o golfinho vem em primeiro lugar, com um peso cerebral médio de 1,75 kg. O cérebro humano tem um peso médio de 1,4 kg e o do chimpanzé, de 0,4 kg. É bom lembrar que esses são valores médios. O cérebro de alguns golfinhos chega a pesar até 2,3 kg, mas o corpo do golfinho também é maior. Esses números são interessantes e costumam ser usados para mostrar que os golfinhos só perdem em inteligência para os seres humanos — caso se tome a razão entre peso do cérebro e peso do corpo —, ou que talvez sejam mais inteligentes — caso se considere somente o peso do cérebro. Porém, essas comparações são extremamente problemáticas.

Chris McGowan, canadense, professor de zoologia e curador de paleontologia dos vertebrados num museu, reduz a nada o significado da razão entre peso do cérebro e peso do corpo no livro *Diatoms to Dinosaurs: The Size and Scale of Living Things*, publicado em 1994. Para apontar os problemas desse tipo de comparação, ele lança mão de exemplos simples e complexos. "O cérebro de um gato, por exemplo, tem 1,6% do peso total do corpo do animal, ao passo que o do leão só tem 0,13%; não há, porém, nenhum indício de que o leão seja intelectualmente inferior ao gato." Neste caso, o motivo da diferença está nas taxas de metabolismo do corpo; mas, embora essa explicação se aplique a muitos casos, está longe de ser universal. McGowan põe em questão várias tentativas de correlacionar o tamanho do cérebro com o do corpo, inclusive as do primeiro especialista nesse campo, Harry Jerison, que desenvolveu uma tabela logarítmica para quase 200 espécies de vertebrados — mamíferos, aves, peixes, anfíbios e répteis. No geral, segundo McGowan, os resultados obtidos para um grupo de animais não podiam ser comparados aos obtidos para outro grupo. A diferença no tamanho do cérebro de indivíduos grandes e pequenos, por exemplo, é muito maior entre os primatas do que entre os cetáceos (baleias e golfinhos).

Até mesmo entre os cetáceos, há diferenças que suscitam dúvidas. A baleia azul, por exemplo, tem o dobro do comprimento do cachalote, mas o cachalote é provavelmente o dono do cérebro mais pesado que já existiu neste planeta: o recorde é o de um cachalote de 15 metros abatido em 1949, com cérebro de 9 kg. A baleia azul, por outro lado, é do grupo dos *misticetos* (baleias com barbatanas): tem de ingerir uma quantidade enorme de pequenos crustáceos para sobreviver e tem uma boca que ocupa até um terço do tamanho do seu corpo. Essa boca enorme é completamente tomada por uma espécie de peneira gigante feita de barbatanas, e essa máquina de alimentação ocupa tanto espaço que, na cabeça da baleia azul, não cabe um cérebro muito grande. Já o cachalote pertence ao grupo dos *odontocetos* (baleias com dentes), como os golfinhos, precisa de um cérebro maior por dois motivos: (1) faz uso de um sistema de localização baseado no eco dos sons que ele mesmo emite; (2) insere-se num grupo social complexo — ambos os quais exigem uma inteligência maior do que a atividade de vagar pelos mares como um gigantesco aspirador de pó, como faz a baleia azul.

Há outra dificuldade, ligada às funções que devem ser desempenhadas pelo cérebro, qualquer que seja o seu tamanho. Nosso conhecimento acerca do funcionamento das partes do cérebro do golfinho é menor ainda do que o conhecimento que temos do cérebro humano — embora haja algumas semelhanças estruturais entre os dois —, mas parece provável que boa parte do espaço cerebral do golfinho tenha de ser reservada para o processo de localização pelo eco. Trata-se, afinal de contas, de um sistema de sonar tão preciso que a marinha norte-americana já investiu milhões de dólares em pesquisas com golfinhos a fim de facilitar diversas operações submarinas. Além disso, os golfinhos controlam cada uma de suas respirações e são capazes de concentrar o sangue em partes específicas do corpo quando mergulham. Se os seres humanos fossem capazes de fazer isso, poderíamos curar conscientemente a asma e regular a pressão sangüínea. Sob esse aspecto, os golfinhos são menos instintivos e têm mais domínio sobre o seu organismo do que nós temos sobre o nosso. Esse fato, porém, pode ser encarado de duas maneiras. Pode ser visto como um sinal de grande inteligência, superior a qualquer capacidade nossa; ou pode ser sinal de que uma parte tão grande do cérebro do golfinho tem de ser dedicada a essa atividade reguladora que sobra pouco espaço para o pensamento abstrato e a criação de uma linguagem.

A criação de uma linguagem — chegamos agora, talvez, ao âmago do mistério. Já não é dúvida de que os golfinhos são capazes de comunicar-se entre si de maneira surpreendente. Em certas circunstâncias, já se observaram grupos de golfinhos engajados numa espécie de reunião deliberativa. Num caso, por exemplo, um grupo de golfinhos aproximou-se de um local onde haviam sido instalados microfones no fundo do mar; então, pararam de nadar enquanto um só golfinho ia adiante para verificar o que estava acontecendo. Quando o "batedor" voltou ao grupo, os golfinhos emitiram uma enorme variedade de sons e, em seguida, avançaram todos juntos. Os observadores subaquáticos desse tipo de comportamento — que já foi visto várias vezes — ficaram perplexos, pois parecia que os golfinhos estavam travando um debate.

Estes golfinhos pintados do Atlântico (Stenella frontalis), fotografados nas Bahamas, parecem aqui possuir um tipo de inteligência. Um grupo de golfinhos praticamente imóveis, em formação cerrada, observa um grupo menor de golfinhos que brigam entre si. Fotografia de Phillip Colla, todos os direitos reservados.

Um relato publicado na revista *Science* de agosto de 2000 vai mais longe ainda. Vincent M. Janik, biólogo escocês, analisou mais de 1.700 sons trocados por golfinhos que nadavam pelo Estuário de Moray, no litoral da Escócia. Os golfinhos costumavam responder uns aos outros com sons idênticos num prazo de poucos segundos. Janik observa que a imitação de sinais de comunicação "teve, segundo uma certa hipótese, um papel de destaque na evolução da linguagem humana", e afirma que os golfinhos têm a capacidade de "aprendizado vocal", um pré-requisito para a evolução das línguas faladas. Pesquisas anteriores já haviam deixado claro que os golfinhos novos têm cada qual uma espécie de "assinatura sonora", uma forma de auto-identificação através do som que pode ser interpretada como um nome. Essa especificidade possibilita que um golfinho mande uma mensagem sonora para outro golfinho específico que está nadando a uma certa distância.

Os céticos protestam, afirmando que esses assobios não têm variedade suficiente para ser considerados uma linguagem. Porém, mesmo que não pareçam uma linguagem para nós, podem ser uma linguagem para os golfinhos. Vale a pena lembrar, a este respeito, de um dos grandes triunfos dos Aliados na Segunda Guerra Mundial, relacionado à emissão de mensagens em código. Os Fuzileiros Navais norte-americanos recrutaram várias dezenas de índios Navajo para transmitir suas mensagens por rádio no Pacífico. Os navajos foram alocados em diversos pelotões de fuzileiros e, sempre que uma mensagem tinha de ser transmitida por rádio, era transmitida por um navajo treinado para usar certas palavras para designar operações militares específicas. Como o alfabeto navajo só fora registrado por escrito havia pouquíssimo tempo, os japoneses viram-se em maus lençóis. Foram capazes de decifrar praticamente todos os códigos usados pelos norte-americanos, mas não decifraram esse. Por isso, pode ser que os golfinhos tenham uma linguagem — de cuja interpretação não fazemos sequer a menor idéia. Neste contexto, a idéia de John Lilly — de que aprender a nos comunicar com os golfinhos pode nos ajudar um dia a comunicarmo-nos com extraterrestres — não parece tão estúpida quanto muitos a considerarem originalmente.

Os golfinhos não são extraterrestres. Habitam o planeta Terra e têm um cérebro comparável ao nosso em tamanho e estrutura. E, mais ainda, surgiram neste mundo e evoluíram muitos milhões de anos antes de nós. Somos nós os recém-chegados. Por algum motivo, eles parecem gostar de nós. Nem sempre são amistosos — nos últimos anos, obtivemos indícios de que podem ser violentos uns com os outros, vez por outra, e até mesmo perigosos para os seres humanos, em casos muito raros. No decorrer da história humana, porém, firmaram sua reputação de ser não só amigos, mas às vezes extremamente úteis para os seres humanos. Ninguém sabe por que eles parecem gostar tanto de nós. Já houve quem dissesse — não em tom de brincadeira — que eles estão sempre sorrindo porque nos acham ridículos. Afinal de contas, já existem há muito mais tempo do que nós.

Será que seremos capazes de decifrar a linguagem dos golfinhos? Pode ser, é claro, que essa linguagem nem sequer exista, mas muitos cientistas acham que devemos continuar trabalhando para desvendar esse enigma. Já fomos capazes de ensiná-los a apertar botões para conseguir peixes, mas a grande pergunta que fica é a seguinte: O que será que eles têm a nos ensinar?

⚛ Para Saber Mais

McGowan, Chris. *Dinosaurs to Diatoms*. Washington, DC: Island Press/Shearwater Books, 1994. Com o subtítulo de "The Size and Scale of Living Things" ["O Tamanho e a Escala dos Seres Vivos"], temos aqui um livro grande, delicioso de ler, escrito num estilo muito pessoal. O autor, professor de zoologia e curador de paleontologia dos vertebrados no Museu Real de Ontário, no Canadá, estabelece relações entre um grande número de informações e estimula nosso pensamento.

Carwardine, Mark. *Whales, Dolphins, and Porpoises*. Nova York: Time-Life, 1998. Um livro ricamente ilustrado presta tributo a esses animais marítimos.

Lilly, John C. *Communication between Man and Dolphin: The Possibilities of Talking with Other Species*. Nova York: Crown, 1978. Lilly é um personagem controverso, mas foi ele que deu início aos debates sobre este tema e seu livro é fascinante.

Cousteau, Jacques-Yves, e Phillipe E. Diol. *Dolphins*. Garden City, NY: Doubleday, 1975. A respeito de qualquer assunto relacionado ao mar, sempre vale a pena ler um livro de Cousteau.

11

COMO MIGRAM OS PÁSSAROS?

Eles viajam em pequenos grupos ou em grandes bandos capazes de escurecer o céu. Quando param para descansar no meio de suas grandes migrações, nas praias da Baía de Delaware ou do Mar Cáspio, até 100.000 pássaros de uma única espécie congregam-se numa faixa litorânea de poucas centenas de metros. Quando chegam às áreas de reprodução, na primavera, os grandes bandos se dispersam e cada casal escolhe um lugar específico para fazer o ninho. Nós olhamos pela janela, vemos o ninho sendo construído na macieira e nos perguntamos: "Será que são exatamente os mesmos pássaros que estiveram aqui no ano passado?" Ficamos abismados ao contemplar o quão longe eles viajaram e o quanto são capazes de encontrar seu caminho com aparente facilidade, passando por continentes e oceanos. Como é que eles fazem isso?

A perplexidade que as migrações dos pássaros provocam no ser humano já se vê em relevos egípcios entalhados por volta de 2000 a.C. Apesar de as migrações já serem observadas há milênios, muito tempo se passou antes que começássemos a querer compreender de maneira científica o como e o porquê delas. Um dos primeiros a escrever sobre o assunto foi o filósofo grego Aristóteles, no século IV a.C., e ele errou o alvo de longe. Conseguiu identificar corretamente algumas espécies migratórias, mas embaralhou completamente a questão, pois chegou à conclusão de que, no decorrer de suas viagens, esses pássaros mudavam de espécie. A idéia de transmutação, pela qual um papo-roxo se torna um rabo-ruivo e depois volta ao estado original, foi largamente aceita e disseminada até o século XVI — o que só prova que, se a sua reputação for boa o suficiente, até mesmo os seus piores erros terão longo tempo de vida. É fácil compreender, porém, por que Aristóteles ficou confuso: o papo-roxo passa o verão no norte da Europa e o inverno na Grécia, ao passo que o rabo-ruivo passa o verão na Grécia e o inverno na África subsaariana. O tamanho e a coloração desses pássaros é semelhante o suficiente para que Aristóteles possa ter suposto que eram o mesmo pássaro sob duas aparências diferentes — uma versão aviária da transmutação da lagarta em borboleta.

No século XVI, com os exploradores viajando pelo mundo e a América colonizada pelos europeus, ficou claro que essa idéia fantasiosa estava errada. Assim, novas explicações surgiram. Os naturalistas estavam convictos de que os mesmos pássaros, por algum milagre, estavam conseguindo transpor enormes distâncias, às vezes de um continente a outro. Como os naturalistas eram incapazes de explicar como passarinhos de poucas gramas de peso conseguiam vencer distâncias que os próprios seres humanos estavam apenas começando a conquistar, outros teóricos tiveram uma idéia totalmente diferente: os pássaros não migravam, mas sim, desapareciam de determinados locais porque hibernavam durante uma parte do ano. Se um ser tão grande quanto um urso podia hibernar, por que não um passarinho? Os defensores dessa teoria, porém, também não conseguiram prová-la: se os pássaros hibernavam, onde o faziam, e por que ninguém conseguia encontrar seus refúgios invernais?

Descobriu-se por fim que a hibernação é um fenômeno que acontece no mundo dos pássaros, mas é extremamente incomum — o *Nuttle's Poorwill*, do deserto da Califórnia, é um dos raros exemplos. Há outros pássaros, particularmente entre as corujas, que nem hibernam nem migram. A coruja listrada e o mocho orelhudo, por exemplo, são capazes de sustentar-se no mesmo local o ano inteiro. Porém, a menor de todas as corujas, a coruja-anã do sudoeste norte-americano, de meros 15 centímetros de altura, migra para o México, pois não se alimenta de pequenos mamíferos, mas de insetos, e o suprimento alimentar desaparece durante os meses de inverno.

O que está por trás da migração dos pássaros não é o frio *per se*, mas sim a falta de alimentos. Ao contrário dos seres humanos, que passam o inverno no calor da Flórida e voltam ao norte para o verão, os pássaros não partem em busca de um clima mais confortável, mas sim do seu sustento básico. Essa busca pode levá-los em viagens que nos parecem impressionantes, mesmo nesta era de aviões de grande porte. O andorinhão do Ártico, por exemplo, migra todo ano de seus campos de reprodução no Círculo Polar Ártico até a Antártica, passando pelos litorais da Europa e da África. A triste-pia voa mais de 8.000 quilômetros do Canadá até os pampas do sul do Brasil, da Argentina e do Uruguai. Algumas espécies, em suas viagens, atingem uma altura incrível. O ganso de cabeça pintada chega a voar a 8.990 metros acima do nível do mar quando transpõe o Himalaia. Outros fazem viagens sem escalas que nos deixariam abatidos por meses a fio — o canário de Blackpool decola do litoral de Massachusetts no outono e voa sobre o Atlântico por 36 horas até um ponto onde pega carona com os ventos alísios do Caribe, cujas correntes o levam até o litoral da América do Sul, numa viagem de quatro dias, contínua e sem escalas.

O caráter impressionante das migrações dos pássaros só ficou totalmente claro em meados do século XIX, quando os ricos da Europa e dos Estados Unidos começaram a colecionar pássaros exóticos. Caçadores eram enviados para abater espécimes raros, que eram depois empalhados e montados. As penas de pássaros exóticos entraram na moda para compor os chapéus das mulheres, fenômeno que fez diminuir perigosamente a quantidade de muitos pássaros de grande porte e motivou os primeiros esforços em prol da proteção da fauna aviária. A Sociedade Audubon, fundada em 1905, foi a pioneira nesse campo, e o Presidente Theodore Roosevelt criou o primeiro Santuário Nacional dos Pássaros na Ilha dos Pelicanos, em 1907.

Durante o século XIX, o interesse pelos pássaros era sobretudo de ordem comercial; porém, houve também desenvolvimentos no *front* científico. O principal deles foi a publicação, entre 1827 e 1838, do magnífico *Birds of America* [*Pássaros dos Estados Unidos*], de John James Audubon. Suas pinturas, que representavam espécies nativas observadas em seu ambiente natural, eram realizações científicas e artísticas de primeiríssima ordem. O *Origin of the Species* [*A Origem das Espécies*], de Charles Darwin, publicado em 1858, foi profundamente influenciado pelos estudos ornitológicos feitos pelo cientista inglês durante sua viagem de 5 anos com o *H.M.S. Beagle*. Sob diversos aspectos, a teoria da evolução só fez aprofundar-se o mistério das migrações dos pássaros. Se alguns pássaros transformaram-se em novas espécies em áreas isoladas, por que outros tinham de viajar para tão longe a fim de buscar uma nova fonte de alimento no inverno?

Às vezes, parecia que, quanto mais os naturalistas aprendiam sobre os pássaros, tanto mais confusa ficava a situação. O que incomodava os cientistas não eram somente as incríveis distâncias percorridas por alguns pássaros. Muito pior era a questão de os padrões de migração variarem muito de uma espécie para a outra. A maioria das espécies, por exemplo, tomam caminhos mais compridos para evitar voar sobre a água por períodos muito longos. Isso parece perfeitamente lógico, na medida em que os pássaros terrestres não têm lugar para descansar e "reabastecer" quando estão sobre a água; mas por que, então, há pássaros que fazem uma viagem tão difícil? Como os canários de Blackpool passam quatro dias voando ininterruptamente sobre o oceano? E, o que nos deixa ainda mais perplexos, por que o beija-flor de garganta vermelha — que já tem de consumir uma quantidade enorme de alimento para manter seu ritmo extre-

Pelicanos voam em formação, voltando para a Ilha dos Pelicanos, em Daytona Beach, na Flórida, sudeste dos EUA. A Ilha dos Pelicanos é o campo de reprodução mais setentrional desses pássaros nos EUA; esses pelicanos passam o inverno na Venezuela. A ilha foi o primeiro refúgio oficial da vida selvagem nos Estados Unidos, criado pelo presidente Theodore Roosevelt em 1907. Fotografia do autor.

mamente rápido de vôo — percorre a longa distância entre os Estados Unidos e a Península de Yucatán, ida e volta, passando por sobre o Golfo do México? De todas as espécies, pareceriam eles os candidatos mais prováveis a fazer o caminho mais longo, por terra, em vez de percorrer 800 quilômetros sobre o golfo.

São questões difíceis como essas que suscitaram em muitos especialistas a dúvida de que jamais seriam capazes de compreender os mistérios da migração dos pássaros. Durante as primeiras décadas do século XX, porém, fez-se algum progresso na descoberta dos padrões de migração dos pássaros, à medida que se tornou mais comum a prática de pôr anéis nas pernas dos pássaros em suas regiões de nidificação. Ajudados por pequenos exércitos de entusiastas distribuídos pelo mundo, que relatavam ter avistado os pássaros marcados com anéis, os cientistas foram capazes de desenhar mapas complexos da movimentação dos pássaros. Por fim começou-se a compreender em detalhe o *onde* e o *quando* das migrações, muito embora o *como* escapasse ao nosso entendimento.

Ficou claro que, na maioria das espécies de pássaros, as "famílias" não viajam juntas. Na maioria dos casos, os machos partem da área de nidificação estival antes das fêmeas e dos filhotes recém-emplumados — às vezes, vários meses antes. O beija-flor de garganta vermelha macho começa a voltar ao México no final de julho, ao passo que as fêmeas e filhotes permanecem nos Estados Unidos às vezes até outubro. Por outro lado, há três espécies de cisnes — entre as quais o pequeno cisne da tundra e o grande cisne trombeteiro, ambas espécies norte-americanas — que migram em família, desde as suas áreas de nidificação, no Alasca e no Canadá, até as suas zonas de alimentação, nos Estados Unidos. Essa "união familiar" já foi correlacionada ao fato de os cisnes amadurecerem mais lentamente do que a maioria das aves, de modo que os filhotes precisam de ajuda para encontrar o caminho em sua rota de migração.

Essa explicação, por si só, suscitou uma pergunta ainda mais difícil de responder. Por que certas aves parecem ter um conhecimento inato de suas rotas de migração, ao passo que outras precisam de muito mais orientação por parte dos pais? Essa diferença entre as espécies sugere uma resposta incômoda: as diversas espécies usam sistemas de navegação diversos para chegar de um lugar a outro. Se isso for verdade — e, neste ponto, há um grande consenso entre os cientistas —, a compreensão do fenômeno da migração das aves não se resumirá ao desenvolvimento de uma teoria única que explique a migração em geral, mas terá de partir de uma investigação minuciosa de uma larga variedade de métodos de navegação.

Desde o começo da década de 1970, os cientistas já sugeriram um bom número de possíveis sistemas de orientação. Mas os experimentos feitos com aves tendem a ser muito complexos; por isso, a maioria dos pesquisadores concentrou-se em aspectos isolados do problema. Isso acarretou o desenvolvimento de várias teorias rivais.

Todos os pesquisadores concordam em que as aves, como os mamíferos, são governadas por ritmos circadianos. A palavra *circadiano* é composta de duas palavras latinas: *circa*, que significa "em torno de", e *dies*, que significa "dia". Tanto as aves quanto os seres humanos têm um relógio interno que acompanha a rotação da Terra, o ciclo de 24 horas. É provável que esse acompanhamento rítmico seja ainda mais forte nas aves do que nos seres humanos. Quando as aves são sujeitas a uma mudança brusca na duração de horas de luz por dia num ambiente controlado, elas levam de dois a três dias para se adaptar, e seus hábitos e ciclos de sono ficam ligeiramente desregulados durante esse período. Depois da adaptação, porém, o relógio interno prevalece mais uma vez e elas passam a regular-se de acordo com um ciclo de 24 horas, independentemente dos estímulos externos.

A existência desse relógio interno extremamente preciso é, segundo se acredita, crucial para a migração das aves. No decorrer da rotação diária da Terra, um local percorre 15 graus de longitude em uma hora (15° X 24h = 360°). Assim, qualquer erro de marcação do tempo pode resultar num desvio de 29,6 km por *minuto*. É claro que os ritmos circadianos, por si sós, não bastam para explicar a precisão absoluta com que os pássaros retornam todo ano às suas áreas de nidificação, depois de voar por centenas, quiçá milhares de quilômetros.

Outro instrumento óbvio de navegação é a acuidade visual das aves. Já aconteceu de você ir ao campo e ver um gavião surgir como que do nada para arrancar do chão um gambá desprevenido, que você nem sequer tinha visto? Essas experiências são um testemunho dramático de quanto a maioria dos pássaros são capazes de enxergar a distância. Em inglês, a expressão *bird's-eye view* ("vista aérea"), sugere mais um dos aspectos que a superioridade da visão desempenha na orientação dos pássaros. Muitos especialistas chegam a suspeitar de que até mesmo os notáveis detalhes revelados pelas fotografias de satélite não se comparam à precisão da visão de muitos pássaros durante o vôo.

Porém, a atribuição de uma importância demasiada à visão das aves também tem seus problemas. Está claro que as aves usam a visão para caçar e reconhecer os lugares em torno da área de nidificação, mas não temos praticamente nenhum indício de que os marcos terrestres tenham alguma importância durante os vôos de longa distância. Os experimentos feitos nessa área são muito difíceis de controlar, mas os trabalhos já feitos fizeram com que os pesquisadores passassem a duvidar de que a paisagem visual tenha alguma influência sobre as rotas de migração. Uma vez que a paisagem pode mudar de repente em virtude de terremotos, enchentes ou incêndios — ou das intervenções humanas —, uma grande dependência das informações visuais provavelmente causaria mais confusão do que qualquer outra coisa.

Mas se os marcos terrestres não são tão importantes, que dizer dos marcos celestes? Ou seja, qual pode ser o papel desempenhado nas migrações pela posição do Sol e das estrelas? Temos indícios de que os pássaros, como os seres humanos, não podem olhar diretamente para o Sol, mas sabe-se também que os pombos, ao voar, fazem uso da sombra que projetam no chão. Ainda em 1968, um grande ornitólogo chamado Geoffrey Mathews defendeu teoricamente a possibilidade de os pássaros usarem uma espécie de "bússola solar". Essa teoria exige dos pássaros uma capacidade de cálculo trigonométrico e de geometria plana que deixaria de cabelos em pé qualquer estudante secundarista, mas que não excede os limites da possibilidade. Em todo o mundo natural, das colméias às tocas de castor, percebemos a presença de habilidades matemáticas instintivas. Outra teoria que recebeu muita atenção, formulada por J. D. Pettigrew, é a de que o *pecten oculi* dentro do globo ocular do pássaro funcione como a haste de um pequeno relógio de sol, projetando uma sombra sobre a retina, que poderia ser usada como auxílio à navegação.

Mesmo que tais teorias pudessem ser provadas, elas ainda nos deixariam muitas perguntas sem resposta. Muitos pássaros preferem voar à noite durante suas migrações, e outros voam dia e noite sem parar, o que nos dá a entender que muitas espécies também devem ser capazes de usar as estrelas para se orientar. Desde a década de 1940 que se fazem experimentos para investigar essa possibilidade. Num exemplo célebre, Stephen Emlen colocou azulões recém-nascidos em gaiolas dentro de um planetário e, numa série de experimentos, manipulou tanto a colocação quanto a rotação das estrelas projetadas. Ficou claro que a "bússola estelar" do azulão não era inata, mas adquirida — questão de familiaridade, não de instinto. Essa idéia tem sentido, pois as posições das estrelas mudam com o tempo, de modo que, se os pássaros tivessem evoluído com uma bússola estelar fixa e inata dentro de si, a evolução ver-se-ia numa constante corrida contra as mutações do céu — uma corrida de vários milênios, bem entendido.

Os experimentos mais bem-sucedidos e relacionados às migrações das aves tiveram como tema a capacidade das aves de captar e perceber o campo magnético terrestre. Os experimentos fundamentais dessa linha de pesquisas foram realizados por uma equipe de pesquisadores alemães em Frankfurt, no final da década de 1970. Muitos outros trabalhos seguiram-se a essas pesquisas pioneiras; no seu conjunto, eles deixam claro que as aves reagem de modo notável aos campos magnéticos. Nesse campo, o progresso mais curioso foi a descoberta de um minúsculo cristal magnético na cabeça dos pombos, localizado entre o crânio e o cérebro. A existência desse cristal só foi demonstrada num pequeno número de espécies, mas ele é, no mínimo, uma possível característica biológica capaz de dar aos pássaros um tipo de "sexto sentido".

Teoricamente, portanto, existem várias explicações possíveis para o antigo enigma da migração dos pássaros: os ritmos circadianos, a acuidade visual, a capacidade de se orientar pelo Sol ou pelas estrelas, até mesmo um sexto sentido de base biológica. O problema é que, embora se possam apresentar argumentos em favor de cada um desses sistemas de orientação, a importância deles parece variar consideravelmente de espécie para espécie. Outros fatores, desde o odor de peixes até o ruído de sapos, parecem ser importantes para algumas espécies. As enormes diferenças existentes entre as espécies, que afetam desde os hábitos de nidificação até os tipos de alimento consumidos, indicam que mecanismos muito diferentes, ou combinações de mecanismos, podem estar em funcionamento num beija-flor e num cisne. Uma espécie que migra por poucas centenas de quilômetros pode não precisar de um sistema de navegação que, por outro lado, é essencial para outra que cobre milhares de quilômetros do Ártico à Antártica e desta de volta ao Ártico. Aliás, os adoráveis habitantes da Antártica, os pingüins, também migram, percorrendo até cerca de 480 km — mas vão a pé! Não podem ver as coisas de cima, pois não voam, e não têm necessidade de um cristal que reaja ao campo magnético da Terra.

Há sessenta anos, os pesquisadores praticamente perderam a esperança de compreender de que modo os pássaros são capazes de completar suas extraordinárias viagens com tanta precisão depois de percorrer centenas ou milhares de quilômetros; mas, de lá para cá, muito progresso se fez. As explicações parciais são inúmeras, mas todos os livros ou artigos científicos sobre as migrações dos pássaros estão cheios de locuções e cláusulas condicionais: "Pode ser que... mas pode não ser." Sabemos muito sobre como os pássaros *talvez* cumpram suas épicas viagens ao redor do mundo, mas o número de mistérios ainda é muito maior do que o de explicações. O passarinho que reapareceu para construir um ninho na macieira ao lado da sua casa — e sabemos, pela técnica da colocação de anéis, que pode ser exatamente o mesmo pássaro — foi à América do Sul e voltou desde a última vez em que você o viu.

Como isso é possível?

Este é um daqueles casos em que talvez seja melhor não saber — e simplesmente nos deixar levar pela perplexidade e pelo maravilhamento.

⚛ Para Saber Mais

Mead, Chris. *Bird Migration*. Nova York: Knopf, 1985. Este livro completo sobre o comportamento dos pássaros em geral, e que trata também das migrações, é ilustrado com mais de 600 fotografias esplêndidas, a cores, dos pássaros em seus ambientes naturais.

Elphick, Jonathan, org. *The Atlas of Bird Migration*. Nova York: Random House, 1995. Este belo manual sobre as rotas migratórias dos pássaros pelo mundo traz também mapas de fácil leitura e muitas informações fascinantes. Chris Mead (ver a obra anterior) foi o principal consultor do livro.

Wade, Nicholas, org. *The Science Times Book of Birds*. Nova York: Lyons Press, 1997. Uma coletânea de artigos publicados no caderno semanal "Science Times", do *New York Times*. Os 60 textos tratam dos mais diversos assuntos, desde a vida familiar dos pássaros até as lutas pela preservação de espécies de aves. Contém cinco reportagens sobre migração.

Martin, Brian P. *World Birds*. Enfield, Inglaterra: Guinness Books, 1987. Embora contenha muitas informações científicas, este livro é dirigido às pessoas que gostam de informações compactas e bombásticas, e tem dezenas de verbetes sobre os pássaros que voam mais alto, que nadam mais rápido, que têm o bico mais longo, e assim por diante.

Weidensaul, Scott. *Living on the Wind: Across the Hemisphere with Migratory Birds*. Nova York: North Point Press/Farrar, Straus and Giroux, 1999. O autor viajou cerca de 112.000 quilômetros durante seis anos para preparar este livro, e associou a precisão científica a um belo texto para produzir este que pode rapidamente vir a tornar-se um clássico em seu gênero.

12

O QUE É O VERMELHO?

Um mergulhador está nadando debaixo d'água ao redor de um recife de coral. Num momento de descuido, ele raspa o braço contra o coral afiado. O corte não é profundo, mas sangra. O mergulhador olha para o sangue: está verde.

É começo de junho no nordeste dos Estados Unidos. Nessa época do ano, as folhas das árvores já estão plenamente desenvolvidas. Olhando pela janela, vejo-as verdes, brilhando ao sol em muitas tonalidades de verde. Mas vejo também um esquilo, pulando de galho em galho em meio às árvores. Para ele, as folhas não são verdes, mas vermelhas e amarelas.

O que está acontecendo? Todos nós sabemos que o sangue é vermelho. Além disso, no hemisfério norte, as folhas das árvores são verdes no mês de junho; só vão ficar amarelas e vermelhas no outono, quando chega o frio e elas secam, ou morrem. Será que a cor está na folha ou na nossa cabeça? Será que a folha tem uma cor intrínseca e permanente, que depende somente da estação do ano, ou será que é o nosso cérebro que lhe atribui essa cor com base em informações de outro tipo?

A maioria das pessoas já se viram às voltas com aquele velho enigma filosófico acerca da árvore que cai na floresta: será que ela faz barulho se não houver ninguém ali para ouvi-la cair? Podemos nos perguntar, do mesmo modo, se as folhas das árvores no verão são verdes mesmo que não haja ninguém para vê-las. Vamos tornar um pouco mais específica essa pergunta. Será que as folhas são verdes no verão mesmo que não haja nenhum ser humano olhando para elas? Já dissemos que o esquilo as vê vermelhas e alaranjadas. A verdade é que, se o ser humano que as estiver olhando tiver um problema de daltonismo, as folhas também não serão verdes para ele. A verdadeira *visão monocromáti-*

ca, na qual todas as coisas aparecem em preto, branco e tons de cinza, como num filme da década de 1930, é muito rara, mas a *anomolopia* ou daltonismo, a incapacidade de distinguir a diferença entre o verde e o vermelho, é muito mais comum. Na Europa e na América do Norte, cerca de um em cada doze homens tem algum grau de daltonismo. Essa deficiência é genética e relacionada ao sexo da pessoa, pois ocorre com freqüência muito maior nos homens; entre as mulheres só uma em cada 200 é afetada. Até as pessoas que tecnicamente não sofrem de daltonismo podem ter alguns problemas, porque nossa percepção cromática depende também de quão bem aprendemos, na infância, os nomes e os tipos de cores. Um bom número de pessoas, não só homens como também mulheres, têm certa dificuldade para identificar as cores, pois não as aprenderam corretamente. Não há quem já não tenha discutido com alguém que diz "Isto não é verde, é azul" ou "Isto não é vermelho, é alaranjado." Em geral, isso acontece quando se trata de matizes sutis, como um azul esverdeado ou um vermelho alaranjado. Para decidir a questão, basta às vezes mostrar, ao lado da tonalidade em discussão, um verde bem forte e um azul bem forte, ou um vermelho-sangue e um alaranjado inequívoco. A pessoa que começou a discutir provavelmente dirá: "É, parece que é azul, não verde." Mesmo nesse caso ainda pode haver problemas que vão muito além da pura e simples teimosia que as pessoas manifestam nesse tipo de discussão.

    A visão cromática com a qual estamos acostumados é, na verdade, um dos pontos mais altos a que chegou a evolução. As primeiras formas de vida na Terra nem sequer tinham olhos, somente amontoados de células fotossensíveis. Essas "manchas oculares" ainda se encontram em espécies menores de pele macia, como as minhocas. Servem elas a uma dupla finalidade: colaboram com a busca de alimento e calor e alertam para qualquer foco de calor excessivo que possa causar danos à pele sensível da minhoca. As minhocas, como é óbvio, são invertebrados, bichos sem coluna vertebral, à semelhança de mais de 95% das espécies animais. Só existem 41.000 espécies de vertebrados — mamíferos, aves, répteis, anfíbios e peixes. Originalmente, a distinção entre vertebrados e invertebrados baseava-se somente na presença ou ausência de coluna vertebral; mas, da década de 1960 para cá, constatou-se uma outra diferença altamente significativa. Os olhos de todos os invertebrados evoluíram a partir da pele, e é esse um dos motivos pelos quais a estrela do mar, por exemplo, tem olhos na ponta das pernas (os raios da estrela). Os olhos de todos os vertebrados, por outro lado, crescem a partir do cérebro, e esse vínculo vai se tornando cada vez mais importante à medida que subimos na escala evolutiva.

    A detecção da luz, atividade realizada até pela minhoca, é a função mais básica do olho. Num nível mais evoluído, os olhos são capazes de detectar movimento; e, no nível mais elevado, são capazes de formar imagens, muito embora essa capacidade seja muito variada até mesmo entre as diversas espécies de mamíferos. É importantíssimo compreender, porém, que mesmo nós, seres humanos, não vemos os objetos: vemos a luz que eles refletem. Cada olho humano tem mais de 180 milhões de receptores que captam a luz refletida e dão início ao processo de transformá-la em imagens. Quando os *fótons* — as partículas energéticas elementares pelas quais a luz é transmitida — entram em nossos olhos, à razão de milhões por segundo, alguns ficam presos nos conglomerados de fotorreceptores que constituem a retina (que significa "redinha" em latim). A córnea curva e transparente do olho dos vertebrados funciona como uma lente fixa, que direciona os fótons para a retina na parte posterior do olho.

A retina em si mesma tem dois tipos de fotorreceptores, células fotossensíveis chamadas de bastonetes e cones. As duas reagem à luz de formas diferentes e mutuamente exclusivas. Os cones são ativados pela luz forte e existem em três variedades: uma que absorve a luz no comprimento de ondas do azul, outra que a absorve no comprimento de ondas do verde e outra ainda que a absorve no amarelo, o que nos possibilita a visão cromática. (O cérebro humano tem a capacidade de bloquear uma parte do espectro cromático correspondente ao verde e ao amarelo, o que nos habilita a perceber o vermelho, cuja onda tem um comprimento mais curto que às vezes é invisível para nós, como no infravermelho.) Os bastonetes se encarregam da visão quando a luz é pouca. Quando passamos de um lugar iluminado para outro bem escuro, no começo temos dificuldade para enxergar porque a transição entre os dois tipos de receptores não acontece instantaneamente. Quando estimulados pela luz, os cones ou bastonetes emitem um impulso elétrico, que faz com que uma mensagem seja enviada de cada um dos olhos, através do nervo óptico, para o córtex visual, localizado na parte posterior do cérebro.

Leonardo da Vinci, que estava séculos à frente de seus contemporâneos nos mais diversos campos do conhecimento, foi o primeiro a perceber que as imagens eram enviadas da parte anterior dos olhos para a retina mas não se formavam no próprio olho, e sim no cérebro ou na imaginação (ambos estão implícitos no termo latino *sensus communis*, sentido comum). Como em tantas outras coisas, ele estava certo. O que de fato acontece no córtex visual do cérebro, porém, é um processo extremamente complicado e malcompreendido. Sabe-se que o córtex visual se divide em mais de vinte áreas diferentes, mas só as seis que recebem os sinais visuais já foram investigadas a fundo. Os resultados são complexos: os sinais que chegam são analisados, comparados, enviados e reenviados de uma área a outra para ser corrigidos, e só então são registrados como uma imagem que a pessoa finalmente "vê". Todo esse processo é aparentemen-

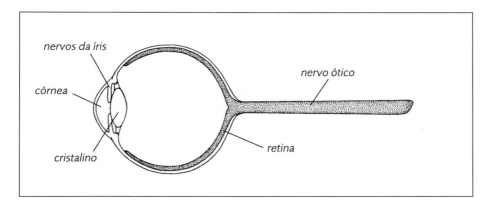

O olho humano nasce diretamente do cérebro. A luz incide sobre a córnea — a janela transparente à frente do olho —, que por sua vez a transmite ao cristalino, onde os raios de luz são focalizados sobre a retina, que é a camada nervosa situada na parte posterior do olho. Os impulsos resultantes são então enviados através do nervo ótico até o cérebro, onde as informações visuais são processadas de maneira complexa, embora aparentemente instantânea. As etapas segundo as quais esse processamento ocorre ainda não foram claramente compreendidas.

te instantâneo, embora possa sofrer danos consideráveis na pessoa bêbada ou ferida.

    Nos outros vertebrados — para não falar nos invertebrados —, a evolução produziu mecanismos biológicos que podem ser muito diferentes dos nossos. Não é de surpreender que a visão dos outros primatas, sobretudo dos grandes macacos antropóides africanos, seja a mais semelhante à nossa. Depois das comparações com os outros primatas, porém, nossa compreensão da visão se torna menos sólida, mesmo quando levamos em conta somente os demais mamíferos. Testou-se a visão cromática da girafa, por exemplo, e ela parece conseguir reconhecer os tons de vermelho e violeta, mas tem problemas para distinguir entre o verde, o alaranjado e o amarelo. A incapacidade de distinguir o verde do vermelho é muito comum nos mamíferos — o esquilinho na árvore, por exemplo. A visão cromática dos cães é limitada, embora seja compensada por uma audição e um olfato agudíssimos. Os gatos vêem mais cores do que os cães, mas as cores são pálidas. Você já deve ter reparado que as pupilas dos gatos se estreitam bastante quando eles estão em ambiente claro — isso acontece porque eles têm poucos cones em comparação com o número de bastonetes, e precisam assim bloquear tanto quanto possível a luz para impedir que os bastonetes parem de funcionar (e esse processo também torna as cores mais pastéis e menos distintas). A diferença entre a visão de um mamífero e a de outro pode ser pequena ou grande, mas a verdade é que não há duas espécies que enxerguem da mesma maneira. A evolução decretou que cada qual viva em seu próprio mundo. E esse mundo é literalmente *visto* de maneira diferente pelas diversas espécies.

Essas diferenças são ainda maiores entre os animais dotados de um olho formado por uma única lente, como o nosso, e os que têm olhos compostos. Os olhos de uma única lente são associados à necessidade de enxergar com nitidez a distância (para detectar a presença de presas e predadores), e são comuns a todos os vertebrados. Os olhos compostos são feitos para se enxergar bem num raio restrito, e existem na maioria dos invertebrados, embora o caranguejo-rei e algumas outras espécies tenham tanto olhos de cristalino único quanto olhos compostos, e a minhoca não tenha senão manchas oculares, como já dissemos. As pequeninas lentes dos olhos compostos podem ser desde em número de 10, como na joaninha, até aos milhares, como na abelha — e a abelha é capaz de detectar detalhes de uma flor que nós só conseguimos ver ao microscópio. As experimentações demonstraram que a maioria dos insetos voadores têm visão cromática, e algumas borboletas, em específico, enxergam uma gama de cores superior à de qualquer outra criatura viva. Acredita-se que a espetacular visão cromática de alguns insetos voadores esteja ligada ao fato de as plantas com flores e os insetos terem evoluído ao mesmo tempo — ponto ao qual voltaremos antes do fim deste capítulo.

A visão subaquática apresenta problemas específicos, do ponto de vista da evolução. Para começar, quando os fótons que carregam a luz passam pela água, eles se dispersam no impacto contra as moléculas de H_2O, criando imagens borradas e ofuscantes. A água também age como filtro e, à medida que sua profundidade aumenta, vai bloqueando cada vez mais certas faixas do espectro luminoso. Os comprimentos de onda ultravioleta e infravermelha — que os seres humanos, de qualquer modo, já não conseguem ver — ficam bloqueadas a mais de 15m de profundidade, e só os comprimentos de onda relacionados com o azul e o verde conseguem penetrar mais fundo do que isso, motivo pelo qual o mergulhador ferido vai ver o próprio sangue na cor verde. O peixe que parece vermelho quando trazido à superfície vai parecer azul-acinzentado (para nós) quando visto em águas mais profundas. Os peixes mais primitivos, como os tubarões e arraias, que já existem há milhões de anos e cujo corpo não é sustentado por ossos, mas por cartilagens, não dispõem de visão cromática. Os peixes ósseos, que surgiram numa época posterior, enxergam em cores. Parece estranho que a visão cromática tenha se desenvolvido entre os peixes, pois, em águas profundas, todos os peixes parecem azuis-acinzentados; mas lembre-se que essa é a cor que nós enxergamos. Os peixes têm uma visão apuradíssima no espectro azul e verde e são capazes de detectar diferenças de cor que nós não detectamos. Mais uma vez, são animais que vivem num mundo diferente, que tem variações cromáticas que nós não captamos.

Existem, por fim, as aves, freqüentemente multicoloridas e dotadas de uma visão cromática superior à nossa. Também nesse campo, porém, encontraremos algumas surpresas. Na iridescência cintilante que tanto admiramos nos beija-flores, por exemplo, não há cor alguma. As penas do beija-flor são cinzentas, mas o rápido bater de suas asas as mantém em movimento, criando um efeito especial totalmente ilusório quando a luz passa pelas camadas de penas semitransparentes. Devido ao modo pelo qual nossos olhos processam a cor, nós vemos algo que, na realidade, não existe. Além disso, a visão extraordinária das aves, tanto no que diz respeito à captação cromática quanto ao próprio raio de visão (o falcão enxerga oito vezes mais longe do que o ser humano), tem o seu preço. A complexidade ocular das aves ocupa muito espaço e, no caso das corujas, preenche quase toda a sua cavidade craniana, o que significa que, dentro do crânio, não sobra muito espaço para o cérebro. ("Sábio como uma coruja" é uma expressão equivocada, que se baseia na gravidade da aparência das corujas e no hábito que elas têm de ficar paradas por longos períodos na mesma posição.) Como vimos no Capítulo 11, os pássaros são capazes de migrar por milhares de quilômetros, pois o seu cérebro, apesar de pequeno, é adaptado a essa atividade. Não obstante, o olho dos pássaros só pode evoluir em detrimento do cérebro.

A visão cromática dos seres humanos também é notável e, quanto ao espectro, só perde para a dos pássaros e de alguns insetos; e nosso cérebro é muito grande. Como esses dois elementos contrastantes puderam se combinar? Estamos longe de compreender como funciona o córtex visual do cérebro, e, por isso, as respostas a essa pergunta ainda se situam no futuro — se é que algum dia serão obtidas. Todavia, tanto os especialistas em visão como os biólogos evolucionistas concordam em que o cérebro e os olhos humanos desenvolveram-se em conjunto. Aliás, os olhos dos primatas em geral foram evoluindo periodicamente rumo a novos níveis de acuidade e percepção cromática, e essa melhora estimulou o aumento de volume do cérebro a fim de que este pudesse processar as novas informações provenientes da corrente de prótons recebida pelos olhos. Pode ser que o crescimento do cérebro tenha, por sua vez, estimulado novos desenvolvimentos da visão. Esse processo encontra um provável paralelo na extraordinária visão cromática das borboletas, que evoluiu junto com as plantas florescentes. Esse desenvolvimento foi, porém, devido à interação entre duas formas de vida completamente diferentes. No caso dos primatas, uma interação simultânea ocorreu dentro de um único organismo. Ela foi ocorrendo pouco a pouco ao longo de milhões de anos, é claro, e não há dúvida de que a arrancada final de desenvolvimento cerebral que criou os seres humanos foi determinada por muitos outros fatores, sobretudo pelo fato de terem começado a andar eretos sobre duas pernas. Acredita-se que, quando isso aconteceu, os olhos também já se haviam desenvolvido o suficiente para possibilitar a ocorrência dos novos passos evolutivos.

Mas ainda resta a pergunta: O que é o vermelho? Será que o sangue é vermelho e as folhas são verdes em essência ou só na nossa mente, em virtude do modo pelo qual nosso cérebro processa a luz? Se o sangue que sai debaixo d'água é verde e as folhas estivais são vermelhas e amarelas aos olhos do esquilo, podemos dizer de forma conclusiva que essas cores são propriedades intrínsecas do sangue e das folhas? Ou será que todo o mundo visível é em certa medida uma ilusão, semelhante à iridescência dos beija-flores — uma ilusão determinada pela evolução do cérebro e pelo sistema que o cérebro usa para interpretar os fótons lançados no espaço pelo nosso Sol e por todas as estrelas da galáxia? Afinal de contas, não são os objetos que nós vemos, mas as ondas de luz. Para nós, no nosso mundo, a grama é verde; mas se seres inteligentes de outro planeta, um planeta situado num sistema estelar provido de dois sóis, por exemplo, seres cujos olhos houvessem se desenvolvido para interpretar o tipo diferente de luz produzido em tais circunstâncias — se seres como esses pousassem na Terra, será que diriam que a grama é verde? Para eles, ela poderia ser azul ou mesmo vermelha.

E o que é o vermelho?

⚛ Para Saber Mais

Birren, Faber. *Color and Human Response*. Nova York: John Wiley & Sons, 1997. Este livro foi escrito para o leitor leigo e faz uma boa apresentação dos fundamentos do assunto. Trata, antes de mais nada, das reações psicológicas à cor, com capítulos sobre temas como "Para Curar o Corpo" e "Para Acalmar a Mente".

Lauber, Patricia, com fotografias de Jerome Wexler e Leonard Lessin. *What Do You See and How Do You See It?* Nova York: Crown, 1994. Os pais provavelmente vão querer dar uma olhadinha neste livro para "leitores jovens". Ele passa bastante informações de maneira clara e sem simplificar demais os assuntos, e apresenta experimentos de óptica que as crianças podem fazer sozinhas.

Sinclair, Sandra. *Extraordinary Eyes*. Nova York: Dial, 1992. Outro livro excelente para crianças e jovens.

Nota: A visão é assunto tão complexo que o melhor recurso à disposição do leitor leigo talvez sejam os artigos de revistas, e não só de revistas científicas. Um dos artigos mais interessantes sobre o tema da visão que apareceu nos últimos anos foi publicado em *The Economist*, 3 a 9 de abril de 1999. Sob o título de "The Biology of Art" e escrito pelos redatores da revista, ele trata de como as diversas correntes artísticas, do impressionismo aos móbiles de Alexander Calder, passando pelo cubismo, fazem uso de certos aspectos biológicos específicos da visão humana. Quando este livro foi escrito, o artigo estava disponível na Internet no site britannica.com.

13

COMO OS ASTRÔNOMOS MAIAS SABIAM TANTO?

Quando o conquistador espanhol Hernán Cortés marchou sobre a capital asteca de Tenochtitlán (atual Cidade do México), em 1518, nem ele nem seus homens pareciam ter uma idéia correta de quão sofisticada era a cultura que estavam a ponto de destruir. Os espanhóis observaram com desdém que, apesar da arquitetura grandiosa dos astecas e do ouro com que adornavam-se seus líderes, os "índios" do Novo Mundo nem sequer dispunham de veículos com rodas. Os exploradores e governadores posteriores também não se deixaram impressionar pelos vestígios da cultura maia, mais antiga, que foram encontrados nas selvas da Península de Yucatán. Alguns padres católicos compreenderam algo do que viram e uns poucos mostraram-se favoráveis aos povos americanos, mas o mais importante administrador espanhol do Yucatán naquele período foi um frei franciscano chamado Diego de Landa, que fora formado nas escolas da Inquisição. Estava ele determinado a eliminar completamente a religião dos maias e, para tanto, não só destruiu as imagens dos deuses maias como também queimou uma grande biblioteca que continha inúmeros manuscritos antigos, escritos em hieróglifos. Ironicamente, de Landa sentia um verdadeiro fascínio pela cultura maia que determinou-se a destruir, e fez muitas anotações sobre os manuscritos, as quais utilizou na década de 1560 para escrever um tratado sobre os maias. Uma cópia desse tratado, da qual faltam alguns capítulos, foi redescoberta em Madri 300 anos depois, em 1863, e serviu como chave para a decifração dos três manuscritos antigos dos maias que haviam sobrevivido apesar das imposições tirânicas de de Landa.

O mais importante desses manuscritos é o Códice de Dresde, descoberto em Viena em 1739. Supõe-se que tenha sido levado do Yucatán para a Europa como uma espécie de suvenir. Nenhum dos manuscritos autênticos ainda existentes trata da história dos maias — perda que assombra os historiadores até hoje —, mas o Códice de Dresde revela o grau impressionante de conhecimento astronômico daquele povo, ao passo que o Códice Tro-Cortesiano trata de rituais e profecias e o Códice Peresiano detalha as cerimônias relacionadas ao complexíssimo calendário maia.

Foi só no final do século XIX que os significados desses manuscritos começaram a ser descobertos por vários estudiosos em diversas partes do mundo, com destaque para Léon de Rosnay, na França, Cyrus Thomas, norte-americano, o filólogo alemão Ernst Föstermann e por fim, em 1897, um editor de jornais californiano chamado Joseph T. Goodman, que fez inúmeros "empréstimos" da obra do alemão sem atribuir-lhe o crédito por isso. Mas Goodman se redimiu de seus erros em 1905, quando desvendou as correlações entre o calendário maia e o calendário cristão, descoberta essa que tem sido de extrema valia para os estudos da civilização maia.

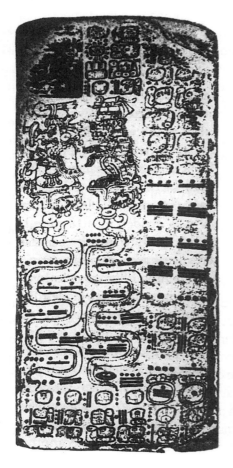

Uma página do Códice de Dresde, o mais famoso dos três manuscritos maias autênticos. O Códice de Dresde contém 39 folhas que, desdobradas, chegam a um comprimento de 3,5 metros. O documento inclui tábuas para a previsão dos eclipses lunares. Cortesia da Universidade da Pensilvânia.

Ficou claro que o planeta Vênus era importantíssimo para os maias e essencial para a complexa estrutura do seu calendário. A primazia de Vênus, considerada em si, não surpreende. A "estrela vespertina" é o astro mais brilhante do céu, excetuados o Sol e a Lua, e foi objeto de veneração religiosa em numerosas sociedades antigas, pelo menos desde os sumérios, 3.000 anos antes de Cristo. Embora várias culturas tenham usado Vênus como uma espécie de estrela-guia, nenhuma se aproximou da precisão com que os maias observaram esse planeta. Durante o chamado período clássico da civilização maia (designação cujo objetivo é o de evocar uma correlação com a Grécia clássica), de 300 a 900 d.C., os maias desenvolveram métodos para acompanhar as revoluções de Vênus, métodos esses que os astrônomos europeus só puderam igualar no século XVIII, com a popularização do telescópio. Com efeito, o período por eles descoberto para medir os trânsitos de Vênus pelo céu, de 584 dias, é quase exatamente igual ao que os astrônomos ocidentais mediram através dos instrumentos modernos: 583,92 dias. Como os maias conseguiram alcançar um tal grau de precisão, séculos antes de os cientistas da Europa — supostamente muito mais avançados — conseguirem fazer o mesmo? E por que os maias o fizeram?

Estranhamente, é mais fácil responder à segunda pergunta do que à primeira. A preocupação dos maias com a passagem do tempo e o significado dessa passagem chegava às margens da obsessão. Como escrevem Anna Benson Gyles e Chloe Sayer no livro *Of Gods and Men: The Heritage of Ancient Mexico*, de 1980, "O passado e futuro estendiam-se como panoramas infinitos, de centenas e milhares de anos, à medida que os antigos maias procuravam medir a passagem do tempo e decifrar os seus mistérios. Pela observação do comprimento dos ciclos lunares, dos equinócios e solstícios, das revoluções do planeta Vênus e da passagem das estações, os maias foram capazes de desenvolver sistemas precisos e altamente elaborados para registrar e medir o tempo."

Todas as observações astronômicas dos maias — Marte e Júpiter também eram observados, só que de modo menos extenso — foram usadas para a elaboração de três calendários anuais diferentes, um calendário mais extenso que unificava os três anteriores e um calendário da "linha do tempo" que remontava ao longínquo passado. Dos três calendários básicos, o *tzolkin* consistia num ano sagrado de 260 dias. Acredita-se que tenha sido herdado da cultura tolteca, anterior à dos maias. O segundo calendário, chamado de *tun*, era dividido em 18 meses de 20 dias cada um, que somavam, portanto, 360 dias. O terceiro calendário anual, o *haab*, tinha a duração de 365 dias que nos é familiar, mas os 5 dias adicionais eram considerados nefastos e constituíam um mês específico. A contagem toda parece confusa e, para quem a observa superficialmente, parece conter problemas de matemática, mas a verdade é que todos os calendários se unificavam no que se chamava de Roda do Calendário.

A Roda do Calendário compunha-se de 18.980 dias, cada um dos quais tinha um significado ritual específico. Se o ano de 260 dias for multiplicado por 73, dá um total de 18.980 dias, que é exatamente igual a 52 anos de 365 dias. Assim, um novo ciclo se iniciava a cada 52 anos, e temos indícios de que, no final desse ciclo, os maias de cidades situadas a quase 500 quilômetros de distância uma da outra viajavam pela selva do Yucatán para se encontrar num lugar central a fim de ter certeza de que seus calendários estavam perfeitamente sincronizados.

Surpreendentemente, esse fenômeno matemático não era nada em comparação com o que se chama de "Contagem Longa", a qual é considerada o calendário mais preciso desenvolvido por todas as culturas antigas. Charles Gallenkamp nos apresenta toda a seqüência em seu livro *Maya*, de 1985. A seqüência começa com o *kin*, o dia:

20 kins = 1 uinal (20 dias)
18 uinals = 1 tun (360 dias)
20 tuns = 1 katun (7.200 dias)
20 katuns = 1 baktun (144.000 dias)
20 baktuns = 1 pictun (2.880.000 dias)

A contagem tem ainda mais três níveis e chega ao abismante total de 1 *alutun*, igual a 23.040.000.000 dias. Esses números deixam claro que os maias tinham um símbolo para representar o zero, uma forma abstrata que lembrava a de uma concha. Só três culturas na história da humanidade conseguiram inventar o zero: os babilônios, os hindus e os maias. O zero babilônico caiu em desuso com a derrocada da civilização caldéia, e foi só no século IX d.C. que os hindus o reinventaram, tornando possível a matemática moderna. Mesmo assim, o zero só foi introduzido na Europa na Idade Média, onde se fixou à medida que desaparecia o incômodo sistema de numeração romana. Também nesse quesito os maias estavam pelo menos mil anos à frente do mundo "civilizado" do qual partiram seus destruidores.

O calendário maia havia sido calculado a partir de uma data inicial que, segundo os estudiosos, equivale ao ano 3113 a.C. Tratava-se, ao que parece, da suposta data da criação do mundo. A Contagem Longa tem uma exatidão de um dia em 6.000 anos, fato que só pode ser verificado com o recente uso de computadores. Mais surpreendente do que o gênio matemático desse povo é o fato de cada dia ter um significado específico. Os maias acreditavam que cada dia era carregado nas costas de um deus diferente, num ciclo indefinidamente reiterado. Muitos desses deuses eram bons, mas outros eram maus; e, nos dias carregados por um deus maléfico (entre os quais incluíam-se os cinco dias nefastos do final do ano), coisas ruins deviam acontecer. E, mais ainda, certos anos durante a Roda do Calendário eram particularmente perigosos, bem como certos períodos da Contagem Longa.

Entre os maias, os astrônomos e os matemáticos eram poderosos sacerdotes. Liam o livro do cosmos e informavam a todos, nobres e plebeus, dos dias e conjunções perigosas, bem como das melhores épocas para o plantio e para outras atividades da vida cotidiana. Sabe-se que a vida dos maias estruturava-se em torno de um sem-número de rituais, que infelizmente não são bem conhecidos. Embora esses rituais fossem realizados para propiciar ou apaziguar os deuses que portavam os dias, tem ficado cada vez mais claro que os maias eram um povo profundamente fatalista. Acreditavam que o tempo era cíclico, como aliás evidencia a Roda do Calendário de 52 anos; mas havia também, na Contagem Longa, certas conjunções mais complexas que eram tidas como inevitavelmente recorrentes.

O fatalismo dos maias é uma das possíveis explicações aventadas para o colapso de sua civilização por volta do ano 900. Os estudiosos assumiram várias posições diferentes a respeito de por que uma civilização inteira sucumbiu tão de repente. Segundo uma determinada teoria, a certa altura tornou-se impossível alimentar a crescente população das cidades maias. Outras teorias giram em torno de catástrofes como furacões e terremotos, ou pragas que teriam aniquilado os seres humanos ou as plantas cultiváveis, particularmente o milho. Temos indícios de que as cidades-estado dos maias moviam guerra umas contra as outras, fato que pode ter esgotado, por fim, os recursos de todos os envolvidos. Aventou-se a hipótese de que uma rebelião dos camponeses contra os nobres e sacerdotes teria desencadeado a ruína da civilização maia. A verdade é que ninguém sabe o que aconteceu. Uma das teorias mais interessantes reza que, qualquer que tenha sido a causa superficial do fim — um terremoto, uma epidemia, uma rebelião —, ela coincidiu com uma época para a qual as conjunções do calendário previam o desastre. Temos bons indícios de que uma época de terror estava prevista para aquele período — e, como era uma parte inevitável do grande ciclo do tempo, os reis e sacerdotes consideravam inútil resistir. Sob esse ponto de vista, o final do grande período clássico foi um subproduto inevitável da própria sofisticação astronômica e matemática que desde o início alimentou a obsessão do povo maia pelo fenômeno da passagem do tempo.

Nós somos capazes de compreender que uma religião e uma visão de mundo específicas tenham levado os maias a realizar feitos de matemática e astronomia muito superiores ao que acontecia na Europa no período compreendido entre 300 e 900 d.C., mas pouco sabemos acerca de como eles fizeram isso. Embora a localização de alguns templos e outros edifícios maias sugira relações com a disposição dos fenômenos astronômicos, particularmente os solstícios, não encontramos nada tão definido quanto em Stonehenge, na Inglaterra, por exemplo. Há aberturas nas paredes que podem ter sido usadas para observar os astros. Entretanto, elas muitas vezes encontram-se ligeiramente deslocadas, o que parece estranho em se tratando de uma cultura dotada de um calendário tão preciso. Dada a complexidade e a beleza das esculturas em pedra dos maias, eles podem ter sido capazes de entalhar aparelhos menores que poderiam ser usados para a observação de Vênus, por exemplo; mas nenhum aparelho foi encontrado.

Os primeiros europeus que exploraram a América Central interessavam-se muito pela arquitetura grandiosa que erguia-se perante os seus olhos, mas ficaram perplexos com a ausência de veículos dotados de rodas. Essa ausência foi um dentre vários fatores que contribuíram para que os astecas e os poucos maias que sobreviviam no Yucatán fossem considerados e tratados como "selvagens". Sabemos hoje que os maias conheciam a roda. Os arqueólogos encontraram miniaturas de veículos com rodas, de muitos eixos, feitos evidentemente para ser brinquedos de crianças. Pode ser que, nas selvas quentes e úmidas do Yucatán, as rodas de madeira afundassem no chão ou apodrecessem tão rapidamente que fossem consideradas inúteis. A impermanência da madeira também pode explicar a ausência de instrumentos astronômicos entre os maias. Na opinião de alguns especialistas, talvez eles fossem feitos de madeira. Podem, inclusive, ter sido pouco mais do que paus cruzados e marcados com números. Nesse caso, certamente já teriam apodrecido quando chegaram os espanhóis, seis séculos depois do abandono das grandes cidades piramidais e do fim da casta de sacerdotes-astrônomos que tinham tanto conhecimento sobre o planeta Vênus — mas tudo isso não passa de especulação.

No Capítulo 8, observamos que as primeiras formas de matemática e linguagem escrita, surgidas na Suméria e no Egito, serviam, ao que parece, para o registro dos impostos coletados. Foi a necessidade de não perder as contas dos bens arrecadados que suscitou o aparecimento da escrita, cerca de 3.000 anos antes do nascimento de Cristo. É a esse período da história humana que remonta o início da Contagem Longa dos maias. A maioria dos estudiosos não duvida de que boa parte dos conhecimentos sobre os quais os maias ergueram a sua maravilhosa superestrutura matemática remonta a uma época ainda anterior ao mundo pré-colombiano da América Central. Pode-se até especular que a data de fundação da Contagem Longa, o ano de 3113 a.C. segundo a conversão para o calendário cristão, não era vista como um mito de criação no sentido usual da expressão, mas sim como uma referência à criação da matemática. Não obstante, a julgar pelo que os maias faziam com a matemática e a astronomia que praticavam, os números eram considerados necessários por um motivo muito diferente do que na Suméria e no Egito. A matemática não servia para contar os bens mundanos, mas para saber qual era o deus que levava cada dia nas costas. Foi essa necessidade que proporcionou a inspiração para a matemática e a astronomia nesse mundo muito diferente do outro lado de um mar então inexplorado.

Já vimos também, no Capítulo 1, que alguns físicos consideram que os atuais esforços de compreensão dos princípios do nosso universo estão tendendo a assemelhar-se a uma espécie de teologia. O fato de a matemática superior — tão complicada que poucos a compreendem — ser posta a serviço da adivinhação das origens de todas as coisas, e o fato de esses estudos serem marcados por uma certa conotação religiosa, parecem menos estranhos quando os examinamos sob a ótica dos maias. Para os maias, números e deuses eram inseparáveis. Por isso mesmo, é lícito nos perguntarmos se as observações astronômicas que eles faziam ou o sofisticadíssimo calendário que elaboraram podem ser considerados formas de "ciência" tal e qual a praticamos hoje. Como não sabemos de que modo eles realizavam suas observações astronômicas, alguns acham que os maias tropeçaram por acaso numa compreensão tosca do movimento de Vênus, cuja importância não chegaram a compreender realmente. Por outro lado, eles sabiam coisas que os europeus — que se consideravam os cientistas por excelência — não sabiam, e demarcaram o movimento de Vênus pelo céu com uma precisão que só foi igualada modernamente, com o uso de computadores.

Nos dois capítulos seguintes, conheceremos *Sir* Isaac Newton, cujas teorias e experimentos o elevaram à posição de pai do moderno método científico. Encontramo-lo usando pranchas de madeira, um prisma de cristal e a luz vinda de uma janela para revelar os segredos da luz (Capítulo 15); e, nesse contexto, é bom pensar na relação entre o que ele fazia e as atividades dos sacerdotes-astrônomos maias, com seus pauzinhos cruzados erguidos contra o céu noturno. As diferenças existem, mas é possível que também haja certas semelhanças.

⚛ Para Saber Mais

Gallenkamp, Charles. *Maya*. Nova York: Viking Penguin, 1985. Esta é a terceira edição, revista e atualizada, de um livro publicado originalmente em 1959. Trata-se de uma longevidade considerável para esse gênero de textos, e o livro é até hoje uma excelente introdução ao tema. Gallenkamp foi o curador da exposição de tesouros dos maias que viajou pelos museus dos Estados Unidos entre 1985 e 1987. Deve-se observar que, entre as décadas de 1950 e 1980, houve uma verdadeira explosão do conhecimento que temos a respeito dos maias. Embora os artigos dos especialistas continuem a ser publicados regularmente, quase todos os melhores livros dirigidos ao leitor leigo datam de 1985 ou antes.

Gyles, Anna Benson, e Chloe Sayer. *Of Gods and Men: The Heritage of Ancient Mexico*. Nova York: Harper & Row, 1980. Outro livro antigo que vale a pena ler. Traz velhas ilustrações em preto-e-branco em quase todas as suas páginas. Trata um pouco da relação que existe entre o México moderno e a história antiga desse país, e as autoras fizeram uma excelente pesquisa.

Krupp, E. C. *Echoes of the Ancient Skies: The Astronomy of Lost Civilizations*. Nova York; Harper & Row, 1983. É verdade que este livro não trata dos maias em profundidade, mas fascina pelo exame geral que faz dos primórdios da astronomia em diversas culturas de diversas partes do mundo.

14

O QUE É A GRAVIDADE?

Não há criança que não conheça a história daquele senhor vestido à moda antiga e sentado sob uma macieira. Cai uma maçã sob a sua cabeça e Isaac Newton diz: "Opa! Acho que existe uma coisa chamada gravidade!" É claro que o processo não foi tão simples. Galileu já havia percebido que uma maçã e um melão, por exemplo — dois objetos de tamanhos e pesos diferentes — chegariam ao chão no mesmo momento se caíssem da mesma altura. Passou anos trabalhando para desenvolver uma lei dos corpos em queda, que publicou em 1638 em seus *Discursos*, quatro anos antes do nascimento de Newton.

Mas Newton foi muito mais longe. Formou-se na Universidade de Cambridge, em 1665, com a idade de 23 anos; e como, na época, as cidades inglesas eram focos da peste bubônica, ele voltou para sua casa de campo, em Lincolnshire. Lá, no decorrer dos dois anos seguintes, fez uma série de descobertas, a maior das quais não seria igualada até o grande surto de criatividade de Einstein, em 1905. Entre as descobertas de Newton podemos citar o cálculo diferencial e integral, a decomposição da luz branca nas cores que a constituem (ele usou um prisma para demonstrar essa idéia) e, acima de tudo, as três leis do movimento e a lei universal da gravitação.

Vinte e um anos haveriam de passar-se, porém, antes que ele publicasse as leis do movimento e da gravitação. Já publicara suas descobertas sobre o cálculo e constatara que o matemático alemão Gottfried Leibniz estava pleiteando para si as honras de ter feito a mesma descoberta. Newton estava convicto de que Leibniz roubara-lhe a idéia, mas a verdade é que o alemão chegou às mesmas conclusões de forma independente, pouco tempo depois de Newton, coisa que aliás acontece bastante na ciência — "uma idéia cuja hora chegou". Em virtude dessa experiência, o paranóico Newton deixou suas leis da gravitação trancadas no armário por duas décadas. Seu amigo Edmond Halley, astrônomo da corte, finalmente conseguiu persuadi-lo a publicar suas conclusões, afirmando que outro o faria em seu lugar — e sem trapaça — caso ele não o fizesse. Halley trabalhou no manuscrito dos *Principia Mathematica* junto com Newton e custeou a primeira edição do livro, publicada em 1687, muito embora não fosse um homem rico. Em troca de sua generosidade, porém, seu nome foi imortalizado quando, usando a lei universal da gravitação de Newton, Halley decifrou a órbita elíptica do grande cometa que lhe leva o nome e conseguiu prever o seu ciclo de 76 anos.

A *gravidade*, tal como Newton a definiu, é a força de atração que se estabelece entre os objetos em virtude de suas massas. O grau de atração entre dois objetos grandes é maior do que o que existe entre dois objetos pequenos. Além disso, quando os objetos estão perto um do outro, a atração entre eles é maior do que quando estão longe. Para dizê-lo de outro modo, a força gravitacional entre dois corpos é proporcional ao produto de suas massas, mas inversamente proporcional à distância que os separa. Uma bola lançada ao ar volta a cair no chão porque a massa da Terra é muitíssimo maior que a da bola. Se a bola for lançada a uma grande altura, vai demorar mais para cair, pois a distância entre ela e a Terra será maior. É importante, porém, não confundir massa com peso. Os astronautas que caminham aos pulos pela superfície da Lua ainda têm a mesma massa que tinham sobre a Terra, mas seu peso é menor, pois a força gravitacional da Lua é seis vezes menor que a da Terra. As relações gravitacionais mudaram. A relação entre o astronauta e a Terra é diferente da relação entre o mesmo astronauta e a Lua: cada qual obedece a uma equação, embora ambas as equações sejam regidas pela mesma lei da gravidade.

Para nós, é muito difícil ter uma idéia correta do impacto inicial das idéias de Newton, pois de lá para cá elas têm sido uma parte inalienável da ciência. Para fazer uma comparação modesta com algo que aconteceu já na época moderna, é como tentar explicar a uma pessoa de 20 anos, hoje, quão revolucionário foi o uso do *jump cut* por Jean-Luc Godard no filme *Acossado*, em 1960. Hoje em dia, essa técnica cinematográfica é comum, mas, quando foi usada pela primeira vez, realmente era de tirar o fôlego. As leis de Newton tiveram o mesmo efeito. As mentes mais brilhantes da época quedaram-se pasmas perante a sua audácia e a sua imensa simplicidade. Newton foi capaz de estabelecer uma relação entre a queda da maçã e o movimento da Lua ao redor da Terra: enquanto uma cai, a outra permanece suspensa. O movimento do tipo correto e aplicado na direção correta pode equilibrar ou mesmo superar a força da gravidade. As leis de Newton explicam tanto o fato de a Lua permanecer em sua órbita em vez de cair sobre a Terra, quanto o fato de a *Apolo 11* ter conseguido escapar da gravidade da Terra para chegar à Lua.

William Blake, visionário artista, poeta e filósofo romântico inglês, não concordava intelectualmente com o universo mecânico de Sir Isaac Newton, mas suas diversas representações alegóricas de Newton contam-se entre suas melhores obras, talvez porque Blake compreendesse a natureza solitária do gênio, muito embora reagisse contra os efeitos da matemática newtoniana. Cortesia da Igreja Luterana nos Estados Unidos, Glen Foerd, em Torresdale, Filadélfia.

Newton revelou à humanidade um mundo mecânico e determinista. Se você conhece a posição e a velocidade iniciais de um objeto — seja ele uma bola de beisebol ou um foguete interplanetário —, é capaz de determinar com certeza aonde ele vai chegar. Se a bola de beisebol cai no meio do campo e o rebatedor não consegue correr as quatro bases, ou se o foguete não chega a entrar em órbita, é porque nem a primeira nem o segundo atingiram uma velocidade suficiente para contrabalançar a atração gravitacional da Terra. Foi Newton quem lançou o Iluminismo ou Era da Razão, como o século XVIII passou a ser chamado. A engenhosidade humana revelara a mecânica do universo — e o lugar de Deus nesse universo nunca mais seria o mesmo. Muito embora o Papa João Paulo II tenha recentemente "pedido desculpas" pelo fato de a Igreja ter forçado Galileu a se retratar, há pouco menos de 360 anos, a Igreja daquela época percebeu corretamente o perigo que Galileu representava — Galileu, que não chegou a determinar completamente as leis mecânicas que regem o universo material.

Já Newton mudou tudo, desde a ciência até a organização da sociedade. A guerra da independência dos Estados Unidos e a Revolução Francesa foram conseqüências inevitáveis das idéias de Newton sobre o mundo físico. Os que compreendiam o movimento dos astros não tinham necessidade de reis que lhes dissessem o que fazer ou o que pensar. As leis universais de Newton tiveram um efeito tão profundo que, no final do século XIX, muitos cientistas achavam que já não havia nada a ser descoberto. A eletricidade, o telefone, a fotografia, o motor de combustão interna — o que faltava? Havia ainda aquela idéia maluca da máquina voadora — mas a maioria das pessoas tinha certeza de que isso jamais aconteceria, embora as leis que regem o vôo estivessem implícitas na obra de Newton. Com o raiar do século XX, o vôo tripulado aconteceu, em Kitty Hawk, Carolina do Norte, 1903. As leis de Newton haviam triunfado mais uma vez — a máquina atingira uma velocidade suficiente para vencer a atração gravitacional terrestre. Então, dois anos depois, outra revolução começou.

Em 1905, Albert Einstein era um homem desconhecido, que trabalhava num escritório de registro de patentes. Naquele mesmo ano, ele publicou quatro artigos científicos que viriam a ter sobre a ciência um efeito tão grande quanto o da publicação das leis de Newton, em 1687. Meros dez anos antes, quando Einstein tinha 16 anos, seu professor de grego no Ginásio Luitpold, em Munique, lhe dissera: "Você nunca será alguém." O menino não estava pensando nas lições de grego, mas em outras coisas, como freqüentemente ocorre com as pessoas de intelecto superior. Duvido que o professor de grego tenha mudado de opinião quando os quatro artigos de Einstein foram publicados em 1905: poucas pessoas chegaram a lê-los, quanto mais a entendê-los — com uma notável exceção. Max Planck, cujo trabalho de 1900 sobre a teoria quântica foi desenvolvido por Einstein, leu os artigos de 1905 e concluiu que o universo newtoniano estava "morto". É claro que as leis de Newton continuariam aplicando-se à realidade de todos os dias, mas Einstein indicara o caminho que levava a um universo totalmente diferente, que a física ainda busca conciliar com o universo de Newton.

Primeiro, voltemos a Newton. A teoria newtoniana da gravidade tinha um problema que o próprio Newton reconheceu. Como a força da gravidade "viajava" pelo espaço vazio? Newton escreveu: "É inconcebível que a matéria bruta e inanimada, sem a mediação de algo imaterial, possa operar sobre outra matéria e afetá-la, exceto por meio do contato direto. A idéia de que a Gravidade seja algo essencial, intrínseco e inerente à matéria, de modo que um corpo possa agir sobre outro a distância e através do vácuo sem a mediação de nenhuma outra coisa por meio da qual sua ação e sua força possam ser transmitidas, é para mim um absurdo tão grande que, segundo creio, nenhum Homem competente para pensar em assuntos filosóficos poderá aceitá-lo. A Gravidade deve ser causada por um agente que age constantemente de acordo com certas leis;

mas, quanto a ser este agente algo material ou imaterial, deixo essa questão para ser respondida pelos meus leitores." Em outras palavras, era claro que a gravidade existia, mas o que a transmitia?

Seus leitores — pelo menos aqueles que dentre eles eram cientistas — chegaram enfim à conclusão de que a resposta estava num agente imaterial: o espaço, supunha-se, era repleto de um veículo invisível e imune ao atrito, que efetuaria a comunicação da gravidade (e da luz) como o oceano transmite as ondulações da água. Esse veículo era chamado de éter, e foi uma dessas idéias erradas (como a dos pássaros que hibernam em vez de migrar) que duram muito tempo por falta de uma explicação melhor. Em 1887, porém, os físicos norte-americanos Albert Michelson e Edward Morley realizaram certos experimentos e demonstraram que o éter não existia. Volta-se, desse modo, à estaca zero: Como a gravidade conservava sua força no espaço vazio?

Einstein começou a chegar perto da resposta com sua teoria da relatividade restrita, em 1905, e aproximou-se ainda mais em 1907 quando publicou a famosa equação $E = mc^2$, que indica que a massa e a energia são equivalentes e intercambiáveis. A taxa de câmbio entre as duas nunca muda, ao contrário do que acontece com a das moedas de diversos países. E é a energia, e a força da energia pode mudar; m é a massa e também ela pode mudar, mas a taxa de conversão é sempre o *quadrado de c*, ou seja, a velocidade da luz multiplicada por si mesma. Por ser muito alta a "taxa de câmbio", uma quantidade imensa de energia pode ficar armazenada numa massa muito pequena — o que é evidenciado pelo poder explosivo de uma bomba atômica. Uma das conseqüências dessa famosa equação é que basta uma quantidade relativamente pequena de energia para gerar uma velocidade suficiente para vencer a força gravitacional — e foi por isso que a *Apolo 11* pôde levar homens à Lua. Ao passo que um foguete gigantesco, de múltiplos estágios, foi necessário para fazê-la decolar do Centro Espacial Kennedy e escapar à força de atração gravitacional da Terra, bastou um empuxo modesto para fazer o módulo lunar sair da Lua.

O problema da gravidade só foi atacado em bloco com a teoria da relatividade geral, em 1915. Essa nova teoria da gravitação dispensava a necessidade de um éter. Aliás, Einstein livrou-se completamente das forças newtonianas. No universo de Newton, o espaço era estático; no de Einstein, era dinâmico. Segundo a relatividade geral, o espaço era elástico e podia ser curvado, dilatado ou seriamente deformado pela massa de um objeto. Nosso Sol faria curvar-se a luz que passa perto dele, pois o seu campo gravitacional distorceria o espaço nessa região. As estrelas maiores criariam uma distorção ainda maior; e os buracos negros — como enfim se veio a perceber — dobrariam o espaço de maneira quase inimaginável. Einstein demonstrou que a matéria curva o espaço.

A matemática de Einstein era sumamente elegante — qualidade que agrada imensamente aos físicos —, mas será que sua idéia poderia ser posta à prova? A resposta veio três anos depois, quando o astrônomo inglês Arthur Eddington viajou à Ilha Príncipe, perto do litoral da África equatorial, para fazer medições do céu durante o eclipse solar de 29 de maio de 1919. Se Einstein estivesse certo, no breve período de escuridão no auge do eclipse, haveria uma distorção na posição aparente das estrelas. Essa distorção não só foi verificada de fato como também correspondia de modo quase exato ao grau de distorção previsto pela teoria da relatividade geral. Quando lhe perguntaram como ele reagiria se os resultados tivessem sido outros, Einstein respondeu: "Teria achado uma pena, pois sei que a teoria é correta." Einstein passou a ser visto pelo grande público como uma pessoa extremamente simpática, mas não era exatamente um sujeito modesto.

No entanto, a teoria gravitacional de Einstein não invalida a de Newton. As "forças" de Newton ainda funcionam na escala do sistema solar — e certamente funcionam na escala das rebatidas de beisebol e dos martelos que caem sobre o nosso dedão do pé. Porém, em escalas muito maiores do que essas, a teoria de Newton encontra problemas, e é aí que entra em cena a de Einstein. A teoria newtoniana não explica os buracos negros, por exemplo, cuja atração gravitacional é tão grande que nem a luz consegue escapar dela; já a teoria de Einstein esclarece essa bizarra situação, postulando que é a curvatura do espaço, causada pela imensa densidade do buraco negro, que não deixa a luz sair.

A gravidade newtoniana sofreu também outro tipo de degradação. Quando a teoria foi proposta, a gravidade parecia ser a força mais potente do universo, pois mantém as estrelas e planetas fixos em suas trajetórias. Mas, embora seja a argamassa que mantém unido o universo, a gravidade é na verdade a mais fraca das chamadas "quatro forças". Imagine um jogo de beisebol num grande estádio cuja energia elétrica vem de uma usina nuclear. O batedor rebate a bola bem alto, mas a *força da gravidade* a faz cair pouco antes de passar os limites do campo. O rebatedor não consegue correr as quatro bases, mas os batedores anteriores, que já estão na segunda e na terceira base, completam o giro e o placar marca a nova pontuação. As luzes do placar são possibilitadas pela *força eletromagnética*. A usina que gera a eletricidade faz uso da *força nuclear "fraca"*, que rege a desintegração dos átomos e, logo, a radioatividade do combustível atômico. Por fim, as arquibancadas sobre as quais sentam-se os espectadores, os cachorros-quentes que eles comem, os bastões e as bolas e, com efeito, os próprios espectadores, são todos feitos de núcleos atômicos formados pela *força nuclear "forte"*.

No nível das partículas elementares, a força da gravidade quase não tem efeito. O elétron e o próton que compõem um único átomo de hidrogênio não são unidos pela gravidade, mas pelo poder muito maior da força eletromagnética. Quão maior é esse poder? Dez elevado à quadragésima potência (o número 1 seguido de 40 zeros). Nas palavras do físico e escritor francês Trinh Xuan Thuan, "Se for suprimida a força eletromagnética, o átomo de hidrogênio, deixado unicamente sob a influência da força gravitacional, inchará e preencherá todo o universo. A força da gravidade é tão fraca que a distância entre o próton e o elétron será de algumas dezenas de bilhões de anos-luz."

É só quando um número enorme de átomos se unem que eles alcançam uma massa capaz de exercer uma força gravitacional. O Monte Everest não cria força gravitacional suficiente para atrair para si, no sentido físico, um único ser humano. Pode-se estar ao sopé do monte e acenar para os que são corajosos ou loucos o suficiente para tentar escalá-lo, e que são movidos naquela direção por forças psicológicas dentro deles mesmos. Os que escalam a montanha estarão lutando contra a gravidade da Terra inteira, que é muito mais forte; e, se escorregarem, a gravidade da Terra certamente os puxará para baixo. Os efeitos da gravidade podem matar as pessoas; mas, sob um ponto de vista mais amplo, eles são quase desprezíveis. A massa inteira da Terra é necessária para fazer com que uma folha de papel repouse sobre a escrivaninha. Por outro lado, apesar de ser a mais fraca das quatro forças, foi a gravidade que criou o maior problema para a física moderna.

A teoria quântica, sobre a qual se baseia a teoria do Big-Bang para a origem do universo, consegue prever as interações fundamentais entre três das quatro forças: as forças nucleares fraca e forte e a força eletromagnética. A gravidade — tanto na versão de Newton quanto na de Einstein — fica fora da jogada. A menos que a gravidade possa ser integrada às outras três forças fundamentais, não se poderá chegar a uma "teoria de todas as coisas", a grande teoria unificada que é o Santo Graal da física moderna. Para encaixar a força eletromagnética na física quântica já foram necessários vários anos, em grande parte porque foi preciso desenvolver o que se chama de cálculos de "renormalização" para cancelar as "infinidades" que têm assolado a física moderna. Quando perguntaram ao falecido físico Richard Feynman, autor de sucesso e pessoa muito espirituosa, por que ele ganhara o Prêmio Nobel, ele respondeu certa vez: "Porque varri para debaixo do tapete todas as infinidades."

Mas a renormalização não funcionou muito bem para a força da gravidade, que, como diz David Lindley no livro *The End of Physics*, de 1993, apresenta mais complicações do que o eletromagnetismo. "Para separar dois corpos, movendo-os num sentido contrário ao da atração gravitacional, é preciso gastar energia; e quando eles se juntam, libera-se energia. Mas a energia, como deixa claro a famosa prova de Einstein, é equivalente à massa, e a massa é sujeita à gravidade. Em outras palavras, a gravidade gravita." Ou seja, a relação entre massa e energia é interativa e segue uma dinâmica circular. Isso significa que as infinidades que a "renormalização" fez desaparecer no que diz respeito ao eletromagnetismo não se deixam "varrer para debaixo do tapete" tão facilmente no caso da gravidade.

O problema, em última análise, se resume ao mesmo mistério que Newton, em sua sabedoria, resolveu deixar ao critério de seus leitores: qual é o agente que transmite a força da gravidade pelo vácuo do espaço? Muitos físicos têm certeza de que a resposta deve estar na existência de uma partícula subatômica hipotética que recebeu o nome de *gráviton*, uma partícula quântica equivalente ao fóton, o portador da luz. Tanto o fóton — cuja existência já foi confirmada há muito tempo — quanto o suposto gráviton pertencem ao grupo de partículas mensageiras chamadas "bósons". O gráviton deve existir; aliás, se não existir, a mecânica quântica terá de ser repensada em grande escala.

A busca do gráviton continua, e a todo vapor. Todos os acontecimentos violentos que se dão no universo, como a explosão de uma supernova ou um choque de duas galáxias, produzem ondas gravitacionais que acabam por chegar à Terra. Dois grandes novos observatórios gravitacionais, com braços de 3,5 quilômetros de comprimento e localizados nos estados norte-americanos de Louisiana e Washington, foram construídos especialmente para detectar essas ondas gravitacionais cósmicas e capturá-las para pesquisas. Espera-se que esses Observatórios Gravitacionais por Interferômetro a Laser pelo menos conduzam na direção certa a busca pelo fugidio gráviton. Porém, por enquanto, o agente que transmite a força gravitacional continua quase tão misterioso quanto era na época de Isaac Newton.

⚛ Para Saber Mais

Greene, Brian. *The Elegant Universe*. Nova York: Norton, 1999. Um livro bem escrito e (quando o assunto o permite) bastante claro sobre o caminho que conduziu às mais recentes idéias da física. Greene, professor da Universidade Colúmbia, é um dos defensores da "teoria das cordas". Trata-se de um tema intrinsecamente difícil, mas Greene enfoca de maneira muito perspicaz os principais pontos de virada na história das teorias físicas.

Lindley, David. *The End of Physics: The Myth of a Unified Theory*. Nova York: Basic Books, 1993. Este livro controverso lança dúvidas sobre os direcionamentos teóricos abstratos promovidos, entre outros, por Brian Greene (ver o livro anterior). À semelhança de tantos outros livros que questionam a física de vanguarda, é mais fácil de entender do que os trabalhos que defendem essa física. Isso talvez seja devido a um excesso de simplificação, mas pode ser também uma questão de deixar claro que certas coisas simplesmente não têm sentido. Vale a pena ler os livros de Greene e de Lindley ao mesmo tempo, justamente pelo fato de defenderem pontos de vista opostos.

Suplee, Curt. *Physics in the Twentieth Century*. Nova York: Abrams, 1999. Publicado em parceria com a Associação Norte-Americana de Física e o Instituto Norte-Americano de Física, este livro tem mais ou menos a mesma quantidade de texto e de figuras. As legendas das figuras — que são muitas vezes espetaculares, sem porém perder a firmeza científica — são, na maioria das vezes, tão informativas quanto o texto. Para o leitor leigo, talvez seja este o livro mais inteligível sobre a física do século XX já publicado — um trabalho excelente.

Ferris, Timothy. *Coming of Age in the Milky Way*. Nova York: Morrow, 1988. Vencedor do prêmio do Instituto Norte-Americano de Física, este livro, mesmo muitos anos depois, continua sendo a melhor introdução ao campo da cosmologia geral.

Thuan, Trinh Xuan. *The Secret Melody*. Nova York: Oxford University Press, 1995. Thuan é tão poeta quanto é cientista e, por isso, é sempre agradável de ler. Sua elucidação das quatro forças fundamentais através da imagem de uma tempestade que se abate sobre uma cidadezinha serviu de inspiração para a analogia do beisebol usada neste capítulo.

Bodanis, David. $E = mc^2$: *A Biography of the World's Most Famous Equation*. Nova York: Walker, 2000. Dentre os livros aqui arrolados, este é o mais recente, e talvez seja a melhor tentativa de explicar a famosa equação de Einstein em palavras que possam ser facilmente compreendidas pelo leitor leigo. Bodanis trata também dos trabalhos de físicos do século XIX, como James Clerk Maxwell, que serviram de base para as obras de Einstein; e o livro inclui interessantes informações históricas e biográficas.

15

O QUE É A LUZ?

"Faça-se a luz." (*Gênesis*, I, 3)

"A Natureza e suas Leis ocultavam-se nas Trevas; / E disse Deus: 'Faça-se Newton!', e Tudo se iluminou." (Alexander Pope — um epitáfio para Isaac Newton)

Desde os primórdios da história humana, os mitos da criação tentam explicar a existência da luz, e poucos foram os grandes poetas que não festejaram a presença da luz ou lamentaram a sua ausência. Muito antes de haver qualquer coisa remotamente comparável à ciência, a raça humana já sabia que a luz era uma fonte de vida. Não obstante, muito tempo se passou até que a luz começasse a ser compreendida cientificamente; e certos aspectos da luz continuam profundamente enigmáticos até hoje.

Em 1666, enquanto formulava as três leis do movimento e a lei universal da gravitação, Isaac Newton também fazia experimentos com a luz. Os seres humanos sempre pasmaram ante a beleza das cores do arco-íris depois das tempestades e, na época de Newton, já conheciam os efeitos multicoloridos da luz que brilhava através dos prismas dos lustres e candelabros. Não obstante, as pessoas ainda pensavam que a luz em si mesma era branca, e que o que lhe acrescentava cor era alguma coisa localizada no céu depois da chuva ou na composição do vidro. Mais tarde, Newton escreveu: "No ano de 1666 (durante o qual aplicava-me a polir vidros ópticos em figuras outras que não a esférica) procurei para mim um prisma triangular de vidro, para estudar o célebre fenômeno das cores."

O experimento de Newton foi muito simples — mas ninguém antes dele tivera a idéia de fazê-lo. Abrindo um pequeno orifício nos postigos da janela de seu laboratório, ele deixou que um fino raio de luz branca penetrasse na sala. Pôs então um prisma em frente ao raio de luz. Na parede oposta, surgiu todo o espectro das cores. Foi então que Newton deu um passo além, um passo importantíssimo. Usou duas tábuas de madeira, cada qual com um minúsculo orifício. Posicionou uma tábua entre o prisma e a janela, estreitando ainda mais o raio de luz. A segunda tábua foi colocada entre o prisma e a parede, de modo que uma única cor pudesse passar através do orifício. Então, Newton pôs um segundo prisma em frente ao orifício da segunda tábua e constatou que só a mesma cor específica se projetava sobre a parede. Em outras palavras, o segundo prisma não mudava a cor da luz. Ele repetiu esse processo para cada uma das cores do espectro e, a cada vez, a luz que passava pelo segundo prisma não se alterava. Assim, as cores não estavam nos prismas, mas na própria luz — caso contrário, o segundo prisma teria produzido todas as cores, e não somente a cor isolada que nele incidia. A luz não era branca, mas continha todas as cores do arco-íris, que se tornavam visíveis quando o prisma as dividia ou refratava. Depois disso, ficou claro que os arco-íris que aparecem no céu são refratados pelas gotículas de chuva, que, sob certas circunstâncias, podem funcionar como prismas.

Mais tarde, Newton fez um outro experimento, relatado no livro *Opticks* [*Ótica*], de 1704. Nele, usava o segundo prisma para recombinar as cores e reconvertê-las em luz branca. Com sua nova compreensão da natureza composta da luz, Newton procurou resolver um problema que afetava tanto o microscópio (inventado na Holanda por Zacharias Janssen em 1609) quanto o telescópio (que Galileu começou a construir também em 1609, depois de ouvir falar sobre uma lente de refração inventada no ano anterior pelo óptico holandês Hans Lippershey). Em ambos os instrumentos, um halo colorido aparecia em volta da imagem ampliada, que perdia a nitidez. Quanto maior o aumento ou a aproximação, maior o problema. Em 1668, Newton projetou um telescópio baseado num espelho côncavo, que eliminava o halo colorido, uma vez que a superfície do espelho não refrata (divide) a luz como uma lente, mas a reflete. Por esse motivo, e pelo fato de os espelhos serem mais baratos e mais fáceis de montar do que as lentes, a maioria dos grandes telescópios atuais são do tipo refletor inventado por Newton.

Newton também afirmou que, em sua opinião, a luz era composta de "corpúsculos", ou seja, pequenas partículas semelhantes às do sangue; tais partículas seriam irradiadas pela fonte de luz como as bolinhas de chumbo de um tiro de espingarda. A idéia foi largamente aceita, muito embora ainda se tivesse de esperar mais 200 anos para que a natureza dessas partículas fosse elucidada.

Enquanto isso, em 1676, o astrônomo dinamarquês Ole Römer fez outra descoberta. Desde os tempos antigos, acreditava-se que a luz propagava-se numa velocidade infinita; mas Römer, estudando os eclipses de Io, satélite de Júpiter, através do telescópio do Observatório de Paris, percebeu que Io não desaparecia atrás de Júpiter no momento previsto. E, mais ainda, o tempo de diferença era maior quando Júpiter estava mais distante da Terra e menor quando o planeta gigante estava mais próximo. Isso queria dizer que a luz não se propagava instantaneamente, como acreditavam os cientistas desde que Aristóteles propusera a idéia 350 anos a.C.; mas demorava mais para viajar por uma distância maior. Embora Aristóteles tenha sido um vulto importantíssimo da história da ciência e tenha sido o primeiro a ter uma percepção correta de diversas idéias científicas, sua reputação era tamanha que, mesmo quando estava errado, suas opiniões abafavam as vozes dissonantes. No século XVII, porém, sua hipótese errônea acerca do sistema solar fora enfim substituída pelas de Copérnico e Galileu, o que diminuiu um pouco seu brilho. Por isso, a idéia de que a luz propagava-se a uma velocidade finita foi rapidamente aceita. Aliás, a estimativa que o astrônomo dinamarquês fez da velocidade da luz a partir das observações de Io estava muito próxima da velocidade calculada hoje em dia: 298.050 quilômetros por segundo.

 A luz era branca, embora composta de muitas cores. Propagava-se a uma velocidade finita, posto que muito alta — quase um milhão de vezes mais rápido do que o som. Era composta, aparentemente, de partículas. Tudo isso já fora determinado antes do começo do século XVIII, mas as pesquisas ficaram paralisadas nesse estado por mais quase 200 anos. Em 1900, o físico alemão Max Planck publicou o primeiro artigo daquela que viria a ser chamada de física quântica e contrapunha-se à física clássica de Newton. Planck deixou claro que os corpos aquecidos só emitem energia em quantidades indivisíveis que denominou *quanta*. Antes disso, supunha-se que, quando os átomos se "agitavam", eles emitiam energia numa gradação contínua, uma curva que podia ser ascendente ou descendente, mas era sempre ininterrupta. Os experimentos de Planck, porém, convenceram-no de que a energia emitida se dividia em inúmeras unidades muito pequenas, e que cada *quantum* descontínuo continha uma quantidade de energia determinada pela sua freqüência.

 Planck estava tentando conciliar as descobertas realizadas na década de 1890 por dois outros cientistas, Wilhelm Wien e Lorde Rayleigh (John William Strutt). As leis de radiação do primeiro só eram válidas para altas freqüências, ao passo que as do segundo só funcionavam com baixas freqüências. A obra de ambos baseara-se no pressuposto de que a radiação era emitida através de ondas; mas, passando a considerar a hipótese das partículas, Planck pôde formular uma lei que valia para qualquer temperatura ou freqüência. Sua equação continha uma constante que depois foi identificada como uma das leis fundamentais da natureza e hoje é chamada de constante de Planck. Em 1918, o alemão ganhou o Prêmio Nobel de Física pelo seu trabalho.

Embora fosse revolucionário o conceito de uma energia emitida em partículas, tal conceito foi rapidamente aceito e aplicado por Albert Einstein. No seu quarto artigo importante publicado em 1905, Einstein usou a teoria de Planck para explicar o efeito fotoelétrico, afirmando que, quando partículas de luz incidem sobre a superfície de determinados metais, estes metais necessariamen-

Um Einstein inesperadamente elegante trabalha no Escritório de Registro de Patentes da Suíça, em Berna, no ano de 1905 — o mesmo ano em que este obscuro jovem publicou seus primeiros quatro artigos, que lançaram as bases de boa parte da física do século XX e viraram de cabeça para baixo o universo newtoniano. Fotografia de Lotte Jacobi, cortesia dos Arquivos de Lotte Jacobi, Universidade de New Hampshire.

te emitem elétrons. Os "pacotinhos" de energia luminosa (Einstein chamou-os de "quanta de luz", mas receberam depois o nome de "fótons") eram tratados não como ondas, mas como partículas.

No artigo de 1905 que explicitava a teoria da relatividade restrita (que tornou-se uma teoria completa em 1916), Einstein tratava de um outro aspecto da luz — sua velocidade. Segundo sua teoria, a velocidade da luz permanecia a mesma para todos os observadores, tanto os que caminhassem em alta velocidade rumo à fonte de luz quanto os que dela se afastassem em velocidade igualmente alta. Nesse caso, porém, outros parâmetros teriam de mudar: do ponto de vista do observador, o espaço se encolheria, o tempo ficaria mais lento e a massa aumentaria. Nas velocidades comumente atingidas pelo ser humano, esses efeitos não ocorreriam e as leis de Newton continuariam a vigorar. Mas, se alguém se aproximasse da velocidade da luz, a desaceleração do tempo, por exemplo, seria considerável. Se um objeto — uma nave espacial, por exemplo — viajasse na velocidade da luz ou numa velocidade maior, o tempo dentro dela pararia, seu tamanho se reduziria a zero e sua massa se tornaria infinita. Desse modo, na verdade, nada poderia alcançar ou ultrapassar a velocidade da luz.

Os aspectos da luz que há trezentos anos haviam deixado perplexo o próprio Isaac Newton foram então explicados, mas as explicações revelaram um universo muito mais estranho do que Newton poderia ter imaginado. De lá para cá, os escritores de ficção científica sentiram-se fascinados e frustrados pelas diversas implicações da teoria da relatividade. Do lado positivo, as distorções do tempo que ocorreriam têm figurado em muitos contos e romances que giram em torno da idéia de um viajante espacial que sai para conhecer outras galáxias e volta ainda jovem, enquanto que as pessoas que deixou para trás já haviam morrido a muito tempo. Do lado frustrante, porém, foi necessário inventar toda uma série de mecanismos e aparelhos, como os motores de dobra da série *Jornada nas Estrelas*, para que os personagens pudessem viajar à vontade pelo universo afora, onde nenhum homem jamais esteve.

Não foi só aos escritores que o novo conceito de luz formulado por Einstein deu dores de cabeça: deu-as também aos físicos. Supunha-se que a luz, como a gravidade, fosse conduzida pelo éter; e, na verdade, foi um experimento de medida da velocidade da luz, realizado por Albert Michelson e Edward Morley em 1889, que resultou na conclusão de que o éter não existia — ou seja, nem a gravidade nem a luz eram conduzidas através do éter. O experimento deles foi um daqueles que não dão certo. Michelson, um jovem excepcionalmente brilhante, formado como primeiro da turma da Academia Naval Norte-Americana de Annapolis em 1885, e Morley, famoso químico, tinham a intenção de provar de uma vez por todas a existência do éter. Michelson construiu um interferômetro óptico para medir o tempo de retorno do reflexo de dois raios de luz emitidos simultaneamente, um deles na mesma direção do suposto "vento" do éter e outro numa direção perpendicular a essa. Como as ondas sempre têm uma direção, supunha-se que o éter tivesse uma direção também; logo, deveria haver uma diferença entre a velocidade da luz que se movia na mesma direção da onda e a velocidade da que se movia perpendicularmente a ela, como acontece com os barcos: o barco que segue a corrente marítima viaja mais rápido do que o barco que pega as ondas de perfil. O fato, porém, é que, segundo o experimento, não havia diferença absolutamente nenhuma entre as duas velocidades.

A eliminação do éter serviu para preparar o palco para o surgimento de Planck, de Einstein e da teoria quântica em geral. A própria teoria das ondas sofreu um sério revés. Cogitou-se então que talvez só as partículas existissem. Por outro lado, nem todos os físicos estavam dispostos a livrar-se por completo da hipótese ondulatória. A luz é refletida por uma superfície capaz de refleti-la; sofre refração (muda de curso) quando aproxima-se dessa superfície num determinado ângulo; e sofre difração (espalha-se em torno da superfície) quando a superfície é pequena o suficiente. É isso que acontece com as ondas de todo tipo quando atingem uma superfície, ou seja, quando passam de um meio a outro: são refletidas, refratadas ou difratadas. É isso o que acontece com as ondas sonoras, com as ondas do oceano — e com as ondas de luz. Era difícil refutar esse argumento indutivo, baseado na semelhança. "Se parece com um pato, anda como um pato, grasna como um pato... é um pato!"

Por outro lado, no decorrer do século XX, à medida que aumentaram as possibilidades técnicas de pôr à prova a teoria dos *quanta* — conduzindo assim à descoberta de um grande número de partículas elementares, muitas das quais já estavam previstas pela teoria ainda antes de serem isoladas —, a física quântica estabeleceu-se como a teoria científica mais bem-sucedida de todos os tempos. Foi assim que apareceu um segundo pato. A saída tem sido abrir um portão bem grande para que ambos os patos possam passar com folga. Isso se reflete, por exemplo, na definição da palavra *fóton* dada pela *QPB Science Encyclopedia* de 1998: "Na física, a partícula elementar ou "pacote" (*quantum*) de energia através da qual são emitidas a luz e outras formas de radiação eletromagnética. A partícula tem propriedades de partícula e propriedades de onda."

Mas quando é uma onda, e quando é uma partícula? De modo geral, é vista como onda quando está se deslocando pelo vácuo do espaço; mas, quando incide sobre uma superfície, transforma-se em partícula. O aspecto ondulatório da luz é usado pelos astrônomos para determinar o desvio para a extremidade vermelha do espectro, o qual, por sua vez, é empregado para saber-se a que distância uma estrela ou uma galáxia está da Terra. Já a definição quântica da luz é essencial para o funcionamento da luz laser, por exemplo. Muitos físicos ressentem-se profundamente dessa cisão. Ela prevalece principalmente porque permite uma certa "folga": um cientista pode dizer que a luz é mais partícula do que onda, ao passo que outro pode afirmar que é mais onda do que partícula. Dependendo do tipo de pesquisa que o cientista está fazendo, as duas afirmações podem estar "corretas". Para a maioria dos físicos, porém, esse estado é demasiado indefinido. Até os que defendem um lado específico do debate às vezes têm vontade de que a questão se decida de uma vez por todas. Isso seria benéfico também para os jovens que estão no segundo grau ou na universidade. Dependendo de quem dirige o departamento, você pode aprender no colegial que a luz é primordialmente uma onda e depois, na faculdade, ver o aspecto "partícula" elevado a uma importância primordial. Certas páginas acadêmicas da Internet assumem pontos de vista opostos a respeito deste assunto.

E, quando examinamos a questão de perto, isso não admira. No livro *Empire of Light*, de 1996, o físico Sidney Perkowitz esmiúça os diversos experimentos feitos no decorrer de todo o século XX por alguns dos cientistas mais eminentes, e que provaram conclusivamente que a luz é uma onda — e também que a luz é uma partícula. Parece que a própria estrutura do experimento influi no resultado; porém, mesmo pelos mais rigorosos critérios da ciência, os diversos tipos de experimentos são válidos em si mesmos. Temos aí um eco do paradoxo básico da física quântica que exploraremos em detalhes no próximo capítulo: os elétrons (e os fótons) se comportam de diferentes maneiras, de acordo com as ações do observador.

Onda? Partícula? Será que isso importa? Se a realidade funciona de ambas as maneiras, quem somos nós para negar esse fato? Talvez o problema seja a obsessão científica de reduzir tudo a uma fórmula rígida. Sidney Perkowitz é um físico, mas seu livro sobre a natureza da luz leva o subtítulo de "A History of Discovery in Science and Art" ["Uma História das Descobertas na Ciência e na Arte"]. E ele se interessa tanto por arte quanto por ciência. Talvez isso o deixe mais à vontade com as dualidades do que a maioria dos cientistas. No final do seu capítulo sobre a dualidade onda/partícula, ele cita Georges Braque, co-fundador, junto com Pablo Picasso, do movimento cubista. Braque disse: "A verdade existe por si; só as ficções são inventadas." Segundo Perkowitz, "temos aí um princípio diretor para os que ambicionam compreender a natureza da luz. A luz é o que ela é. As historietas científicas que inventamos para explicar os seus enigmas só fazem refletir a nossa atual ignorância, ao passo que a realidade continua a funcionar perfeitamente como sempre, dando de ombros às nossas mirabolâncias. E, se é verdade que a mente e a matéria estão inextricavelmente ligadas, o aforismo de Braque talvez possa conter um significado ainda mais rico: talvez a verdade da luz e as nossas ficções inventem uma à outra, simultaneamente."

Alguns mistérios científicos nos incomodam porque parecem esconder do nosso olhar algo que nos sentimos no dever de entender — como aprendemos a falar, por exemplo, ou se os golfinhos têm uma linguagem igual à nossa. A justaposição dessas duas questões, já por si, nos irrita duplamente, pois aponta para uma falha existente em nós. Se não conseguimos descobrir como nós mesmos aprendemos a falar, como ousamos julgar os golfinhos? Há outros enigmas que nos importam porque, se não os compreendermos, não poderemos fazer certas coisas ou, pior ainda, faremos mal a nós mesmos. O mistério da ocorrência das glaciações, por exemplo, está ligado aos perigos do aquecimento global. O melhor seria chegar rapidamente a uma compreensão mais firme de como a temperatura do nosso planeta sobe e desce.

O mistério da luz parece mais benigno do que a maioria dos mistérios. Em cerca de cem anos, passamos da invenção da lâmpada elétrica ao uso controlado do poder do laser. A primeira facilitou a tarefa da leitura noturna; o segundo possibilita que a catarata seja eliminada dos olhos com notável facilidade, para que qualquer pessoa possa voltar a ler na hora em que desejar. Não só estamos de fato compreendendo alguns dos mistérios da luz, como também estamos pondo esse conhecimento a nosso serviço. Sabemos como tirar vantagem dos dois aspectos da luz, o de onda e o de partícula. Pode ser que, nesse caso, o melhor para nós seja aceitar essa dualidade.

Faça-se, então, a luz.

⚛ Para Saber Mais

Perkowitz, Sidney. *Empire of Light: A History of Discovery in Science and Art*. Nova York: Holt, 1996. De todos os livros citados neste volume, nenhum é tão altamente recomendado para o leitor leigo quanto este maravilhoso livrinho. É repleto de informações científicas apresentadas de maneira excepcionalmente fácil de assimilar. Além disso, é um livro dotado de alma.

Feynman, Richard P. *QED: The Strange Theory of Light and Matter*. Princeton, Nova Jersey: Princeton University Press, 1985. Embora não seja adequado para o leitor diletante, o texto de Feynman é sempre fascinante, e seu humor ferino dá vida a alguns aspectos complexos da física.

Westfall, Richard S. *The Life of Isaac Newton*. Cambridge, Inglaterra: Cambridge University Press, 1993. Uma biografia erudita, mas muito fácil de ler, deste que foi um dos maiores intelectos de toda a história do ser humano.

16

POR QUE A FRUSTRAÇÃO QUÂNTICA É TÃO GRANDE?

Vamos começar com umas poucas palavras e expressões:

Quark.
Espuma quântica.
Tunelagem quântica.
Claustrofobia quântica.
Claustrofobia quântica!

A física quântica é repleta de nomes e termos engraçadinhos. Essa tendência foi firmada por Murray Gell-Mann, que ganhou o Prêmio Nobel de Física de 1969 por ter classificado as partículas elementares e suas interações. Sua teoria previa a existência do *quark*, uma partícula elementar que serve de elemento construtivo dos prótons e nêutrons e, logo, de todas as formas de matéria. Por que chamou-as de quarks? Gell-Mann era especialista em muitos campos, mais do que a maioria das pessoas seria capaz de imaginar, e, quando estava lendo o dificílimo romance *Finnegan's Wake*, de James Joyce, tropeçou numa frase que o deixou perplexo: "*Three quarks for Muster Mark!*" ["Três coaxos para Mestre Marcos!"] Como os quarks freqüentemente aparecem em grupos de três, Gell-Mann considerou o nome "quark" apropriado. De lá para cá, a existência do quark foi confirmada em laboratório e demonstrou-se que existem seis variações dessa partícula — para cima, para baixo, charme, estranho, em cima e embaixo —, que vem, além disso, em três "cores" — vermelho, verde e azul —, muito embora devamos deixar claro que os quarks não têm nenhuma cor no sentido tradicional. A verdade, aliás, é que o quark nunca foi observado diretamente (é muito pequeno e muito esquivo), mas sua existência foi confirmada por elaborados experimentos.

A *espuma quântica* não é mais fácil de entender. Experimente, por exemplo, aceitar esta definição do *The Elegant Universe*, de Brian Greene: "O caráter espumoso, contorcido e tumultuoso da contextura do espaço-tempo em escalas ultramicroscópicas." A "contextura do espaço-tempo" é a união de espaço e de tempo que decorre da relatividade restrita de Einstein: a espuma quântica têm criado muitos problemas para os físicos que buscam unificar a relatividade e a teoria quântica.

O nome *tunelagem quântica* refere-se à capacidade de certos objetos de transpor barreiras que, segundo as leis de Newton, seriam incapazes de penetrar. É fácil falar sobre essa idéia, mas suas implicações são, no mínimo, perturbadoras.

Quanto à *claustrofobia quântica*, você ficará contente de saber que é simplesmente mais um nome para designar as flutuações quânticas que ocorrem em virtude do princípio de incerteza de Heisenberg — conceito do qual voltaremos a falar, uma vez que se encontra na raiz mesma de muitos problemas da física quântica.

Não admira que Niels Bohr, físico ganhador do Prêmio Nobel e um dos pais da física quântica, tenha dito que, se alguém às vezes não se confundia com esse assunto, era porque não o compreendia. Esta frase entrou para a posteridade.

No fim, quase todos os que escrevem sobre a física quântica acabam usando a palavra *estranho*, por motivos que a esta altura já devem ser óbvios. Certos aspectos dessa teoria são tão bizarros que o próprio Einstein, que colaborou para a formulação inicial da teoria, depois revoltou-se contra toda a idéia. Embora esta disciplina da ciência tenha se desenvolvido de modo a deixar perplexos até mesmo os maiores cientistas do mundo, o grau de confirmação de suas previsões torna-a, talvez, a teoria mais bem-sucedida de toda a história da ciência.

Voltemos agora aos primórdios para saber como nasceram e cresceram essas coisas estranhas. Em 1900, Max Planck descobriu que os átomos dos corpos aquecidos irradiavam energia em quantidades muito específicas (e não numa progressão contínua) e criou a palavra *quanta* para designar as partículas afetadas. O estudo desses assuntos logo foi denominado de física quântica (ver o Capítulo 15). Em 1905, Einstein declarou que a luz era composta de partículas, ou quanta, as quais foram depois chamadas de fótons. Em 1913, o físico dinamarquês Niels Bohr, de 28 anos de idade, propôs um modelo da estrutura do átomo de hidrogênio que fazia uso dos conceitos quânticos e constituiu-se numa das chaves da decifração do enigma dos átomos em geral. Em 1916, a teoria da relatividade geral de Einstein substituiu a física quântica como principal atração do mundo da física; mas, a partir de 1924, houve uma verdadeira explosão de atividade no *front* quântico.

O príncipe Louis-Victor de Broglie, da França, propôs em 1924 a teoria de que todas as partículas também têm uma função ondulatória (deslocam-se sob a forma de ondas e depois transformam-se em partículas); assim, virou do avesso as descobertas de Einstein sobre os fótons, realizadas em 1905, e criou um debate que não foi solucionado até hoje. De Broglie elaborou uma fórmula para prever os comprimentos de onda de diversos tipos de partículas, fórmula essa que foi confirmada em 1927; o êxito que obteve na descrição da mecânica quântica ondulatória valeu-lhe o Prêmio Nobel de Física de 1929. Foi essa uma das descobertas científicas que demorou menos tempo para ser reconhecida. Em 1925, o físico alemão Werner Heisenberg, de 24 anos de idade, desenvolveu a primeira teoria ampla da mecânica quântica. Poucos meses depois, o austríaco Erwin Schrödinger propôs uma teoria alternativa, um pouco menos original do ponto de vista matemático, mas logo conseguiu demonstrar que o seu modelo era equivalente ao do rival alemão. Ambos tinham, além disso, o mesmo problema: afinal de contas, o que eram essas ondas? Como naquela famosa cena do filme *Chinatown*, na qual Faye Dunaway ora diz "Sou irmã dela" e "Sou a mãe dela" enquanto Jack Nicholson estapeia-lhe o rosto, os fótons de luz, por exemplo, parecem mudar de idéia sobre a própria identidade a cada vez que são atingidos: "Sou uma partícula"; "Sou uma onda"; "Sou uma partícula"; "Não, sou uma onda!" Para quem não sabe, a personagem de Dunaway ficara grávida do próprio pai; na opinião de diversos físicos, o comportamento dos fótons e de outras partículas subatômicas era igualmente hediondo.

O físico alemão Max Born deu uma explicação dessa dualidade. O aspecto ondulatório de uma partícula seria uma descrição da *probabilidade* de ela desenvolver uma determinada característica — estar numa certa posição, digamos, num determinado momento. Uma onda pode ser dividida em dois ou em três e pode até sobrepor-se a outra onda, mas é impossível dividir um elétron. Assim, as ondas seriam um modo de o elétron preservar uma mínima possibilidade de ter um futuro alternativo como partícula. Para Einstein, essa idéia passou dos limites. Em 1926, ele escreveu a Born o seguinte: "Jamais vou conseguir acreditar que Deus joga dados com o universo." (Por acaso, Born é o avô materno da cantora australiana Olivia Newton-John. Trata-se de uma coincidência "estranha", mas não no sentido quântico do termo.)

Em parte por causa da fúria de Einstein, Born teve de esperar até 1954 para ganhar seu Prêmio Nobel, mas Werner Heisenberg ganhou um em 1932 por ter desenvolvido em 1927 o princípio da incerteza, que é até hoje o princípio supremo da mecânica quântica. Sem rodeios, ele deixa explícito que é impossível conhecer ao mesmo tempo a posição e a velocidade de uma partícula subatômica, pois o próprio ato de medir essa partícula faz com que ela mude de posição ou de velocidade. Todos nós já nos deparamos com o princípio da incerteza na vida cotidiana. Quando usamos uma régua para medir uma imagem que queremos emoldurar, por exemplo, pode acontecer de deslocarmos acidentalmente a imagem e termos de pô-la de volta no lugar. No mundo macroscópico em que vivemos, esse tipo de coisa não tem graves conseqüências. No nível subatômico, porém, qualquer batidinha basta para deslocar um elétron. Até mesmo os fótons de um raio de luz conseguem mudar a natureza de um sistema subatômico. Além disso, quanto maior a precisão de uma medida — a medida de posição, por exemplo —, tanto maior a perturbação infligida à velocidade. As partículas subatômicas *não se deixam enquadrar*. Surpreendentemente, essa incerteza pode ter utilidade. Um dos resultados dela é a tunelagem quântica — porque sempre existe a possibilidade de que uma partícula subatômica, mudando de natureza por um *nanossegundo* (um bilionésimo de segundo), consiga atravessar uma barreira que não deveria ser capaz de penetrar. É possível calcular a probabilidade de isso acontecer — e esse dado já foi usado com sucesso no "microscópio de tunelagem de varredura", originalmente criado por Gerd Binnig e Heinrich Rohrer no centro de pesquisas da IBM em Zurique, Suíça, em 1981, e cujo uso hoje é largamente disseminado. O MTV pode ser usado para revelar a superfície de um objeto com tamanho detalhe que permite que as fileiras de átomos separadas por uma distância de um bilionésimo de um metro possam ser fotografadas.

Voltemos à década de 1920, quando um novo e excelente artigo sobre física quântica era publicado praticamente toda semana. O físico austríaco Wolfgang Pauli declarou em 1927 que, dentro de um mesmo átomo, não poderia haver duas partículas com os mesmos números quânticos (o que explica as cores e as variedades de quarks). O princípio de exclusão de Pauli era mais fácil de entender do que a maioria das descobertas quânticas, mas teve uma influência particularmente grande porque permitiu que a teoria quântica fosse aplicada a outro ramo da ciência. A tabela periódica dos elementos químicos, criada no século XIX pelo químico russo Dmitri Mendeleyev e depois reformulada por outros, classificava os elementos pelo seu peso atômico. A tabela era dita periódica porque os elementos semelhantes, como o sódio e o potássio, apareciam nela em intervalos regulares. Ninguém sabia por que isso acontecia, mas o princípio de exclusão de Pauli resolveu o problema.

Sabia-se que os átomos eram rodeados de elétrons, que orbitavam em torno do núcleo como os planetas em torno do Sol. Pauli esclareceu como esse sistema funcionava. Como diz Curt Suplee em seu *Physics in the Twentieth Cen-*

Uma foto de Werner Heisenberg na juventude, por volta da época em que formulou o "princípio de incerteza", que define tanto as possibilidades quanto a estranheza essencial da física quântica. Cortesia do Instituto Norte-Americano de Física, Arquivos Visuais de Emilio Segré, Coleção Segré.

tury, "Os átomos, à medida que se tornam maiores, vão preenchendo seus sucessivos níveis de energia ou 'cascas' de elétrons, até que o acréscimo de mais um elétron faça com que, na mesma 'casca', haja dois elétrons nas mesmas condições quânticas. A essa altura, o elétron adicional tem de inserir-se na casca seguinte. É o número de elétrons na casca exterior do átomo que determinam as propriedades reativas do elemento. A química tornou-se, assim, uma questão quântica." Em 1931, Pauli também previu a existência do *neutrino* (uma partícula de carga neutra formada de três quarks e encontrada no núcleo do átomo). A existência do neutrino só foi confirmada em 1955, mas Pauli ganhou o Prêmio Nobel de Física de 1945 por ter descoberto o princípio de exclusão. Teve de esperar mais do que a maioria dos pioneiros para ser recompensado, talvez por ser um homem irascível que gostava de desbancar e ridicularizar os outros cientistas. Quando alguém, certa vez, lhe apresentou uma idéia de qualidade inferior, ele respondeu: "Ela nem sequer está errada."

O físico inglês Paul Dirac, aos 23 anos de idade, fez uma análise dos elétrons levando em conta o seu *spin* ou "giro", uma nova unidade de medida quântica. Nesse processo, descobriu outra coisa que deixou ainda mais perplexo o mundo científico de 1928, que já vivia em estado de frenesi. O próprio Dirac não acreditou no que viu quando descobriu que cada elétron tinha de ter uma contrapartida de "energia negativa". Essa primeira sugestão da existência da *antimatéria* (que destruiria a matéria se entrasse em contato com esta) foi tão alarmante que criou dúvidas na mente de alguns com respeito às outras descobertas de Dirac. Meros quatro anos depois, porém, o físico norte-americano Carl Anderson, estudando os raios cósmicos com uma nova câmara úmida de Wilson no Instituto de Tecnologia da Califórnia, encontrou partículas de carga positiva e negativa. É fácil fazer confusão neste ponto, pois, em seu estado "normal", o elétron tem carga negativa. Assim, um elétron de carga positiva seria um "antielétron", palavra que, em nossa língua, tem conotações negativas. Mais tarde, esses antielétrons receberam o nome de *pósitrons*. A produção de pósitrons no experimento de Anderson representou um grande alívio para Dirac, que não cometera, enfim, nenhum engano, mas postulara corretamente a existência da antimatéria, que lembra algo tirado da ficção científica. Dirac partilhou o Prêmio Nobel de 1933 com Erwin Schrödinger, e Carl Anderson partilhou o de 1936 com outro pesquisador de raios cósmicos, o austríaco Victor Hess.

À medida que o conhecimento da realidade quântica foi se expandindo, as fissuras começaram a aparecer. As coisas ficavam mais bizarras a cada mês, e Einstein não foi o único a pronunciar-se contra algumas dessas peculiaridades. Embora tivesse destronado o universo newtoniano, pelo menos na escala macroscópica, Einstein ainda era um classicista, e incomodava-se com os fatos de não haver acordo entre a relatividade e a teoria quântica e de a mecânica quântica ter virado de ponta-cabeça a obra de Newton não só na escala das realidades relativísticas, mas também no que dizia respeito à realidade observável da vida cotidiana. Einstein e Niels Bohr, que eram amigos e tinham imenso respeito um pelo outro, passaram anos e anos debatendo essas questões.

Bohr formulou uma tentativa de transpor o abismo que separava a teoria quântica do restante da física. Segundo essa solução (chamada de "interpretação de Copenhague", pois era lá que ele trabalhava), as partículas teriam as propriedades de ondas até tornar-se objeto de observação; nesse momento, em virtude da presença do observador, transformar-se-iam em partículas. Em outras palavras, os quanta permaneceriam num estado ondulatório indeterminado (seguindo o princípio de incerteza de Heisenberg) até que um observador quisesse saber o que está acontecendo. O próprio ato de observação e de medida faria "entrar em colapso a função ondulatória", com suas possibilidades intrinsecamente múltiplas, e levaria a partícula a assumir um dos seus estados potenciais.

É certo que a interpretação de Copenhague satisfez à maioria dos físicos e ainda os satisfaz, mas deparou-se com a resistência de algumas das maiores mentes científicas do século XX. Erwin Schrödinger, um ano depois de ganhar o Prêmio Nobel de 1933, concebeu um *experimento de pensamento* (um exercício puramente intelectual, mas realizado com o rigor de um experimento de laboratório) com o fito de demonstrar o absurdo da interpretação de Copenhague; esse raciocínio se tornou o experimento mental mais famoso de toda a história da ciência. Imagine uma caixa dentro da qual se coloca um gato vivo. Na mesma caixa, colocam-se também um recipiente cheio do elemento rádio e um frasco de gás de cianureto. O rádio é um elemento sujeito à decomposição atômica. Se ele se decompuser ao longo do período de uma hora durante o qual o gato será deixado dentro da caixa fechada, desencadeará a liberação do cianureto e o gato morrerá. Se não se decompuser, o frasco permanecerá inteiro e o gato ficará vivo. Segundo a interpretação de Copenhague, entretanto, até que a caixa seja aberta e o resultado seja observado, o gato dentro da caixa está simultaneamente vivo e morto, pois ambas as probabilidades existem. Além disso, continuará simultaneamente vivo e morto até que alguém abra a caixa e olhe para dentro dela. Nesse ponto a incerteza terminará e o gato estará perfeitamente vivo ou perfeitamente morto.

As implicações desse experimento mental esclarecem-se quando o aplicamos a uma situação comum. Um executivo, que se sabe sofrer de pressão alta, viaja para Cleveland, instala-se num hotel e pede que o café da manhã lhe seja entregue pontualmente às 8 horas da manhã seguinte. Quando fecha a porta do quarto, esse executivo que tem pressão alta está simultaneamente vivo e morto até que o funcionário do hotel chegue na manhã seguinte. Se o executivo abrir a porta quando o funcionário bater, as múltiplas possibilidades estarão resolvidas e ele ainda estará vivo. Se não atender à porta, porém, o funcionário levará o problema ao conhecimento de seu superior, que virá com uma chave, abrirá a porta do quarto e encontrará o executivo morto sobre a cama, depois de sofrer um ataque cardíaco. (Não vamos levar em conta, aqui, a possibilidade de ele ainda estar tomando banho porque seu relógio estava atrasado.) Evidentemente, essa idéia é absurda — e é exatamente isso que Schrödinger queria demonstrar. Até hoje, o "gato de Schrödinger" tira do sério os físicos que defendem a interpretação de Copenhague. "Quando ouço falar nele", diz Stephen Hawking, "puxo minha arma da cinta."

Erwin Schrödinger, representado nesta fotografia, partilhou o Prêmio Nobel de Física de 1933 com Paul Dirac por ter colaborado para o desenvolvimento da física quântica. Dois anos depois, ele pôs em questão a "interpretação de Copenhague" de Niels Bohr, com seu famoso experimento mental que tem como tema um gato que estaria ao mesmo tempo vivo e morto. Cortesia do Instituto Norte-Americano de Física, Arquivos Visuais de Emilio Segré.

O fato de esse experimento mental ainda aborrecer os cientistas nos mostra por que ele é tão forte: é muito difícil "varrer para debaixo do tapete" alguns dos problemas da física quântica. Mais tarde, Einstein realizou outro experimento mental junto com dois outros físicos, Boris Poldosky e Nathan Rosen. Demonstrara-se, em experimentos de laboratório, que dois elétrons atirados por dois buracos diferentes de algum modo "sabem" o que está acontecendo com o outro. Einstein e seus colegas aumentaram a distância de separação entre os mesmos dois elétron para um ano-luz. (Esse tipo de amplificação matemática é usada com freqüência na física, para deixar as coisas mais claras.) O resultado é que dois elétrons separados por uma distância de um ano-luz devem ser capazes de comunicar-se instantaneamente um com o outro, usando algum tipo de sinal que se desloca mais rápido do que a luz — uma impossibilidade, segundo a teoria da relatividade. "Ação a distância — coisa de fantasmas", reclamou Einstein.

A mecânica quântica *funciona* — senão não haveria raios laser, por exemplo, e os cientistas já demonstraram em laboratório que seria possível (caso os problemas de tamanho fossem resolvidos) construir um computador quântico baseado no fato de que certos elétrons sabem, a distância, o que está acontecendo com certos outros elétrons. Contudo, o "como" e o "porquê" desses fenômenos permanecem profundamente misteriosos. A gravidade ainda não foi incorporada à teoria quântica — e a gravidade também funciona, quanto a isso não há dúvida. Muitos cientistas chegaram a um ponto em que simplesmente encolhem os ombros e dizem que o porquê já não importa tanto; vamos simplesmente aplicar à tecnologia os conhecimentos obtidos através da mecânica quântica.

Outros físicos, porém, não se conformam com isso. Querem saber não só por que a mecânica quântica funciona, mas também onde, exatamente, se deve traçar a linha divisória entre a realidade quântica e a realidade newtoniana do nosso dia-a-dia. Em que escala o probabilismo que rege os quanta transforma-se na "decisão" que faz existir o gato — ou o cadáver de um gato? Já se sabe que as partículas subatômicas vêm à existência e desaparecem constantemente, num tempo tão curto que praticamente não pode ser medido. De onde elas vêm e para onde vão? Alguns cientistas decididamente prefeririam que o gato de Schrödinger estivesse morto, e também que o seu próprio cadáver desaparecesse de vista, como às vezes acontece nos filmes de terror.

Desde meados da década de 1990, a física quântica chegou a um nível de complexidade totalmente novo, manifesto na teoria das supercordas, da qual falaremos no Capítulo 20. Também essa teoria tem os seus pontos fortes e os seus pontos fracos. Há também, entre os cientistas, quem se pergunte se essa tentativa de formular uma grandiosa teoria de todas as coisas não é um pouco exagerada e pretensiosa. O gato de 1935, simultaneamente vivo e morto, nunca foi devidamente enterrado.

⚛ Para Saber Mais

Gribbin, John. *In Search of Schrödinger's Cat*. Nova York: Bantam, 1984. Foi este um dos primeiros livros nos quais se tentou divulgar as peculiaridades da teoria quântica para um público popular, e sua leitura continua sendo recomendável.

Gribbin, John. *Schrödinger's Kittens and the Search for Reality*. Boston: Little, Brown, 1995. Este livro, sucessor do de 1984, é lúcido e bem escrito, mas tende a apresentar de forma acrítica certos conceitos que foram seriamente postos em questão por alguns físicos.

Suplee, Curt. *Physics in the Twentieth Century*. Nova York: Abrams, co-edição com a Associação Norte-Americana de Física e o Instituto Norte-Americano de Física, 1999. Embora neste livro o texto fique em segundo plano em relação às fotografias, Suplee nos apresenta o desenvolvimento da física quântica de forma muito clara, situando os seus principais episódios numa "linha do tempo". É mais bem-sucedido do que a maioria dos que procuraram atingir os mesmos objetivos.

Lindley, David. *The End of Physics*. Nova York: Basic Books, 1993. O autor deste livro faz uma análise crítica da direção tomada pela física na década de 1980, quando se começaram a divulgar cada vez mais teorias que não podem ser postas à prova. O ceticismo de Lindley foi endossado por Mel Schwartz, ganhador do Prêmio Nobel de 1988.

Perkowitz, Sidney. *Universal Foam: From Cappuchino to the Cosmos*. Nova York: Walker, 2000. Como em seu livro sobre a luz (ver o Capítulo 15), Perkowitz trata da física quântica e estabelece constantes paralelos entre os maravilhosos vínculos que existem entre nossa realidade cotidiana e a ciência teórica. O resultado é uma esplêndida mistura de clareza e encanto.

Frayn, Michael. *Copenhagen*. Nova York: Anchor, 2000. Esta peça de teatro, aclamada internacionalmente e ganhadora do Prêmio Tony, trata de um encontro entre Niels Bohr e Werner Heisenberg, acontecido em Copenhagen durante a Segunda Guerra Mundial, depois que Hitler pediu a Heisenberg que desenvolvesse uma bomba atômica. O encontro de fato aconteceu, mas não se sabe o que nele se discutiu. Frayn imaginou as possibilidades intrínsecas da situação de maneira a relacionar a física quântica ao "princípio de incerteza" que também rege as interações humanas.

17

COMO SÃO, NA VERDADE, OS BURACOS NEGROS?

Será que J. Robert Oppenheimer caiu num buraco negro? De acordo com vários livros recentes sobre cosmologia, parece que sim. O nome dele simplesmente não consta dos índices desses livros, que também não o mencionam em suas prolongadas discussões sobre as complexas teorias e a complexa matemática que envolve os buracos negros. Não obstante, foi esse grande físico norte-americano — famoso até hoje como chefe da equipe de Los Alamos, que construiu as bombas atômicas jogadas sobre Hiroshima e Nagasaki — o primeiro a conceber essas estranhíssimas entidades cósmicas como uma conseqüência inevitável da teoria da relatividade de Einstein. No final de 1938, Oppenheimer, que trabalhava junto com George Volkoff, havia completado o cálculo das massas e circunferências das estrelas de nêutrons. Esse trabalho convencera-o de que as maiores estrelas teriam forçosamente de implodir no final do seu ciclo de vida. E perguntou-se: quais poderiam ser os resultados dessa implosão?

Oppenheimer pediu a ajuda de um de seus estudantes de pós-graduação no Instituto Tecnológico da Califórnia, um jovem chamado Hartland Snyder, de mentalidade brilhante e independente, para trabalhar nas equações matemáticas envolvidas. Kip Thorne, um dos maiores especialistas em buracos negros da época atual, discute detalhadamente o trabalho de Oppenheimer no livro *Black Holes and Time Warps*, de 1994 — muito embora tenha sido, ironicamente, aluno de um dos grandes rivais e maiores críticos de Oppenheimer, John A. Wheeler. Thorne observa que os cálculos realizados por Snyder, sob a orientação não só de Oppenheimer mas também de Richard Tolman, foram extremamente difíceis. Certos aspectos daquele problema só foram resolvidos com o advento dos supercomputadores, na década de 1980. "Para fazer progresso", escreve

J. Robert Oppenheimer foi o primeiro a propor teoricamente a existência dos buracos negros, em 1939. Apesar da veemência matemática de seus argumentos, o conceito foi rejeitado, de início, pela maioria dos físicos, e ele mesmo deixou de lado seus trabalhos sobre esse assunto quando foi chamado a comandar a equipe de cientistas que acabou desenvolvendo a bomba atômica em Los Alamos. Cortesia do Instituto Norte-Americano de Física, Arquivos Visuais de Emilio Segré.

Thorne, "foi preciso construir um modelo idealizado da estrela em implosão e depois computar as previsões das leis da física para esse modelo." Snyder, segundo Thorne, fez um verdadeiro *tour de force*, estabeleceu as equações aplicáveis e resolveu-as. "Examinando essas fórmulas, da frente para trás e de trás para a frente, os físicos conseguiram conhecer todos os aspectos da implosão — qual a aparência dela para quem está fora da estrela, para quem está dentro, para quem está em sua superfície, e assim por diante."

  Muitos físicos acharam quase incompreensíveis os resultados dessas equações. O problema é que, vista de fora, a implosão chegaria a um ponto onde simplesmente se "congelaria" para sempre. Para um observador situado na superfície da estrela, porém, e que afundasse junto com a implosão, ela não se congelaria de modo algum. A idéia de que uma estrela pudesse dar a impressão de fazer duas coisas completamente diferentes ao mesmo tempo indicava uma distorção temporal muito maior do que qualquer coisa que já se imaginara. É certo que Einstein demonstrara que o tempo pode se distorcer. É certo, também, que a teoria quântica e o princípio de incerteza de Heisenberg davam a entender que o próprio ato da observação podia alterar os acontecimentos — mas no nível subatômico. Na opinião da maioria dos físicos norte-americanos, as coisas tinham ido longe demais.

A verdade é que o artigo publicado por Oppenheimer e Snyder em 1939 tivera alguns precursores. Onze anos antes, o jovem físico Subrahmanyan Chandrasekhar chegara à conclusão teórica de que os núcleos estelares maiores do que 1,4 vezes o tamanho do Sol não poderiam transformar-se nas comuns anãs brancas; por causa da gravidade, continuariam diminuindo de tamanho. Lev Davidovich Landau, lendário físico russo, chegou à mesma conclusão mais ou menos ao mesmo tempo; ele e Chandrasekhar partilharam o Prêmio Nobel de Física de 1983 por seus trabalhos iniciais sobre esse assunto. Veja só quanto tempo se passou entre a publicação dos trabalhos e sua premiação. Quando dois cientistas têm de esperar 55 anos para ganhar um Nobel, isso quer dizer que a obra deles estava muito à frente de seu tempo. Em 1928, Sir Arthur Eddington, um dos gigantes da física, cujas medidas feitas em 1919 haviam confirmado a distorção espacial prevista pela teoria da relatividade de Einstein, sentiu-se escandalizado pela teoria de Chandrasekhar. Exclamou: "Deve haver alguma lei da natureza que impeça uma estrela de se comportar dessa maneira!"

O artigo de Oppenheimer e Snyder foi recebido de maneira muito semelhante por John A. Wheeler e outros cientistas norte-americanos. Com o início da Segunda Guerra Mundial, as coisas permaneceram nesse pé por algum tempo. Os físicos norte-americanos tinham de haver-se com as dificuldades práticas de construir uma bomba atômica. Depois da guerra, as diferenças entre Oppenheimer e Wheeler, que já haviam chegado ao nível pessoal (na época, ambos já eram membros do Instituto de Estudos Avançados de Princeton), chegaram ao auge quando Oppenheimer opôs-se ao desenvolvimento da bomba de hidrogênio, apresentando para tanto razões éticas e práticas. Por fim, admitiu sua derrota no que dizia respeito às dificuldades práticas, mas nunca ficou contente com a situação ética que se desenvolveu. Wheeler, por outro lado, foi um dos principais arquitetos da bomba de hidrogênio. Na década macartista de 1950, Oppenheimer teve de pagar um alto preço por sua oposição à nova arma; foi então que não pôde mais ter acesso aos projetos secretos do governo. Sua deslealdade nunca foi provada, mas a nuvem negra que desde então paira sobre seu nome pode ter alguma relação com o fato de ele ser esquecido na maioria das discussões sobre os buracos negros. O outro motivo desse esquecimento é que o próprio Wheeler desenvolveu o tema, levando-o para uma direção insuspeitada.

Com efeito, a conversão de Wheeler foi tão cabal que foi ele quem cunhou o nome *buraco negro*, em 1969; e, tornando-se um dos mais importantes conhecedores do assunto, eclipsou completamente seu antigo rival Oppenheimer. Os apreciadores de *Jornada nas Estrelas* vão gostar de saber que um dos primeiros episódios da série, filmado em 1967, fazia referência a esses fenômenos. O autor de *The Physics of Star Trek* ["A Física de *Jornada nas Estrelas*"], Laurence M. Krauss, escreveu o seguinte: "Quando assisti a esse episódio, na época em que estava começando a escrever o livro, achei muito engraçado o fato de os produtores da série terem errado o nome desse corpo celeste. Hoje em dia, já compreendi que eles quase o inventaram!" Os escritores da série haviam usado o termo "estrela negra".

Essa referência feita num dos primeiros episódios de *Jornada nas Estrelas* mostra até que ponto o público em geral deixou-se fascinar pelo conceito dos buracos negros. Em parte, esse fascínio pode ser explicado pelo nome que lhes foi dado por John Wheeler, que, ao mesmo tempo que evoca um mistério profundo, presta-se a um sem-número de comparações cômicas com certas situações da vida cotidiana. O grande público nunca teve muito interesse por outros tipos importantes de estrelas, como as anãs brancas, anãs marrons e estrelas de nêutrons, mas os buracos negros capturaram nossa imaginação do mesmo modo que os cometas faziam antigamente. Isso é muito estranho, quando levamos em consideração o fato de que os maiores físicos do mundo vêm arrancando os cabelos há mais de 60 anos para tentar explicar esse conceito. Aliás, várias vezes já se disse que o motivo da fascinação pública pelos buracos negros está na própria dificuldade de explicá-los, o que faz deles uma espécie de *tabula rasa* na qual cada qual pode escrever o que quiser.

A maioria das definições oficiais dos buracos negros gira em torno da idéia de que o seu campo gravitacional é tão intenso que nada, nem a luz, consegue escapar deles. Kip Thorne leva essa idéia um passo além. Embora seu livro tenha sido publicado em 1994, vários anos antes de os astrônomos começarem a identificar concretamente a existência desses corpos celestes, Thorne estava na vanguarda das teorias sobre o assunto, e sua definição de buraco negro acrescenta uma nova nuance ao tema: "Um objeto (criado pela implosão de uma estrela) no qual as coisas podem cair, mas do qual nada pode jamais escapar." Mesmo ele, porém, está sendo cuidadoso, pois sua discussão dos buracos negros o conduz a conclusões ainda mais estranhas.

A esta altura, vamos fazer uma pergunta simples: que tamanho tem um buraco negro?

Teoricamente, qualquer coisa pode se transformar num buraco negro: uma estrela, a Lua, o edifício Empire State, um elefante, você, eu, um peso de papéis — se um objeto sofrer uma força poderosa o suficiente para comprimi-lo ao ponto em que seu campo gravitacional consiga curvar o espaço e impedir a luz de escapar, se tornará um buraco negro. Mesmo que você e eu fôssemos consideravelmente obesos, só conseguiríamos constituir um buraco negro muito pequeno, bilhões de vezes menor do que um elétron. Se a Terra se tornasse um buraco negro, seu raio seria menor do que o de uma bola de pingue-pongue. O raio do Sol transformado em buraco negro seria de cerca de 2,4 km.

A verdade é que o Sol nunca vai se transformar num buraco negro, muito menos você e eu. Nenhum de nós é grande o suficiente. Certas estrelas, porém, são grandes o suficiente — tão grandes, aliás, que inevitavelmente vão se transformar em buracos negros. Como explica Timothy Ferris em *The Whole Shebang*, "Toda estrela saudável representa um equilíbrio entre duas forças opostas. A gravidade tende a fazer com que a estrela se feche sobre si mesma. O calor gerado no núcleo da estrela irradia-se para fora e sua tendência é a de fazer a estrela explodir. Pegas nesse fogo cruzado, as estrelas pulsam levemente, em virtude do equilíbrio dinâmico que se forma entre a gravidade centrípeta e o calor radioativo centrífugo. Essa pulsação é modulada por um elegante mecanismo de controle." Esse mecanismo de controle, de mútuo equilíbrio entre calor e gravidade, pode fazer com que a estrela continue brilhando por um longo período — cerca de 10 bilhões de anos no caso do nosso Sol, que está a meio caminho do seu ciclo de vida. O combustível nuclear no núcleo da estrela, que é essencial para o mecanismo de controle, é queimado numa taxa que cresce segundo o cubo da massa da estrela. Assim, uma estrela dez vezes maior do que o Sol usaria seu combustível mil vezes mais rápido; brilharia muito mais, mas por menos tempo. Para as estrelas de qualquer tamanho, uma vez que comece a faltar o equilíbrio entre calor e gravidade, a ruína é inevitável.

As estrelas do tamanho do nosso Sol, ou que tenham até 1,4 vezes a sua massa, se tornarão anãs brancas, do tamanho da Terra mas com a massa do Sol; não se encolhem mais do que isso em virtude de uma regra da mecânica quântica, chamada de princípio de exclusão de Pauli (mencionada no Capítulo 16). Por essa lei, o fluxo de elétrons funciona de tal modo que impõe limites à densidade da estrela. Estrelas maiores diminuem ainda mais e chegam a um diâmetro que geralmente não ultrapassa 16 quilômetros; são chamadas *estrelas de nêutrons*, pois seu núcleo consiste em grande medida dessas partículas subatômicas de carga neutra. A estrela de nêutrons pode girar até mil vezes por segundo em torno do próprio eixo; e, se tiver um campo magnético, produzirá ondas de rádio intensas e periódicas. Por isso, são chamadas de *pulsares*.

As estrelas ainda maiores podem ter uma massa tão grande que as diversas condições que impedem a anã branca e a estrela de nêutrons de diminuir ainda mais de tamanho deixam de vigorar; e, assim, vem à existência um buraco negro. Como nada, nem mesmo a luz, pode escapar ao campo gravitacional do buraco negro, qualquer coisa que se aproxime o suficiente e cruze o seu *horizonte de eventos* será sugada por ele — o horizonte de eventos é o ponto do espaço em que as leis gravitacionais normais do universo deixam de vigorar e são substituídas pelas leis do buraco negro. Assim, o buraco negro é uma singularidade, uma zona regida por leis próprias e exclusivas. Já se empreenderam diversas tentativas de determinar teoricamente o que acontece dentro dos buracos negros. A própria Hollywood deu suas sugestões no filme *The Black Hole* [*O Buraco Negro*], lançado pela Disney em 1979 — visualmente espetacular, mas tolo do ponto de vista dramático. Alguns cosmólogos afirmam que qualquer coisa que caísse num buraco negro assumiria a forma de longos fios semelhantes aos do macarrão espaguete; outros contemplam a possibilidade de passar pelo buraco negro e penetrar num outro universo. Grandes intelectos e inúmeras equações já se aplicaram à determinação dessas possibilidades, mas a verdade pura e simples é que ninguém sabe o que aconteceria. Como em certos aspectos da teoria do Big-Bang, o próprio fato de se estar lidando com uma singularidade tende a gerar uma certa liberdade teórica excessiva. Porém, por mais elegante que seja a matemática, a realidade proposta é sempre uma realidade imaginária.

Desde a época em que John Wheeler mudou de idéia e "comprou" o conceito dos buracos negros, vários grandes cosmólogos procuraram determinar a natureza dessas bizarras entidades estelares. Nas décadas de 1970 e 1980 e no começo da de 1990, as teorias foram tão abundantes quanto os debates por elas provocados. Apesar, porém, dessa abundância de teorias, havia um problema: a existência dos buracos negros não fora jamais constatada na prática.

Os astrônomos que estudam os buracos negros têm de haver com um problema de princípio: por definição, o buraco negro não pode ser visto. Sua existência só pode ser deduzida a partir do que acontece com as estrelas e galáxias que o rodeiam. Mas, depois que o Telescópio Espacial Hubble foi consertado numa caminhada espacial em 1994, e com o desenvolvimento progressivo dos telescópios de raios-X, começaram a acumular-se as observações que serviriam de base para essas deduções. No final da década de 1990 e no começo do ano 2000, os dados registrados confirmaram muitas previsões teóricas. Nos últimos anos, quase todos os cosmólogos chegaram à conclusão de que já dispomos de provas factuais da existência dos buracos negros. Porém, como freqüentemente acontece quando novas informações começam a ser reveladas, o número de questões que elas levantam é igual ao número de perguntas respondidas.

Desde 1974 os astrônomos sabem exatamente onde procurar um buraco negro. Nesse ano, a estrela Cygnus X-1 (Cyg X-1, ou estrela X-1 da constelação do Cisne) foi aceita de modo geral como a mais provável candidata a ser um corpo celeste desse tipo. Cyg X-1 é um *sistema binário* — um par de estrelas vizinhas, coisa muito comum no universo —, mas de um tipo todo especial: uma das estrelas é brilhante quando vista ao telescópio ótico e escura quando examinada pelo telescópio de raios-X, e parece girar em torno de outra estrela que é o oposto — escura quanto à luz, mas "brilhante" quando observada pela astronomia de raios-X. O uso de fórmulas matemáticas feitas para se determinar o peso das estrelas deixou claro que a estrela escura era pesada demais para ser uma estrela de nêutrons. Com uma massa tão grande, suspeitou-se que fosse um buraco negro. Em meados dos anos 1980, astrônomos do mundo inteiro haviam acumulado dados sobre Cyg X-1, o que levou Kip Thorne a fazer uma aposta com Stephen Hawking, que duvidava de que a estrela era um buraco negro. Se Thorne tivesse razão, Hawking teria de lhe pagar uma assinatura da *Penthouse*; caso contrário, Thorne daria a Hawking uma assinatura da revista satírica *Private Eye*. Em 1990, os dados adicionais haviam dado a Thorne 95% de certeza de que tinha razão, mas mesmo assim ele não esperava que Hawking concordasse. Entretanto, como nos conta Thorne, "Bem tarde de uma noite de junho de 1990, enquanto eu estava em Moscou trabalhando com colegas soviéticos, Stephen, acompanhado por um séquito de familiares, enfermeiros e amigos, entrou no meu escritório na Caltech, encontrou o papel da aposta, que estava emoldurado, e escreveu nele uma observação admitindo sua derrota, confirmando-a com sua impressão digital."

Cyg X-1 é um dos buracos negros cuja existência será confirmada pela combinação dos dados ópticos do Hubble com as novas observações de raios-X. Mas já se obtiveram outras informações ainda mais controversas. Como alguns astrônomos haviam previsto, os dados das observações feitas no final da década de 1990 dão a entender que existem dois tipos diferentes de buracos negros. Os cientistas encontraram não só buracos negros com a massa típica de estrelas binárias, como a Cyg X-1, mas também buracos negros com massa equivalente à de bilhões de sóis. Além disso, constatou-se diversas vezes que esses gigantescos buracos negros situam-se no centro das galáxias — mais de 30 foram identificados até 2001, pela medida da velocidade dos discos de gás atraídos pelos buracos negros e que giram à volta deles como a água em torno de um ralo depois da tempestade.

Essas descobertas deixaram claro que, quanto maior a galáxia, maior o buraco negro em seu centro. Além disso, os buracos negros gigantescos só parecem existir em galáxias de forma elipsóide, com uma densa concentração de estrelas no centro. As galáxias que não têm essa massa central de estrelas parecem não ter buracos negros de espécie alguma. Nossa própria galáxia, a Via Láctea, que tem uma protuberância central relativamente pequena, tem os seus buracos negros, mas somente os de tamanho relativamente pequeno, com massa equivalente à de uns poucos sóis. Por outro lado, quer o buraco negro seja muito grande, quer seja relativamente pequeno, a relação entre sua massa e a da protuberância central da galáxia é sempre de 0,2%.

Os cosmólogos que estudam esses dados ficam cada vez mais convictos de que os buracos negros são as sementes em torno das quais constituem-se as galáxias. Em janeiro de 2000, uma equipe de cientistas descobriu mais três superburacos negros, e seu líder, Douglas Richstone, da Universidade de Michigan, disse o seguinte: "De algum modo, quando esses buracos negros determinam a própria massa, eles parecem conhecer a massa da galáxia na qual estão; ou senão, por outro lado, quando a galáxia se forma, ela parece conhecer a massa do buraco negro em torno do qual se forma ou no qual surge. As duas massas de algum modo regulam-se mutuamente." Há muito tempo se sabe que, no nível quântico, os elétrons podem "saber" o que outros elétrons estão fazendo; mas o fato de uma tal coisa acontecer em escala galáctica deixa os cosmólogos ao mesmo tempo perplexos e animados. Atualmente, assistimos a um curioso debate para saber-se quem veio primeiro: o ovo ou a galinha, ou melhor, o buraco negro ou a galáxia. Alguns cientistas atribuem prioridade ao buraco negro, mas outros acreditam que o desenvolvimento de ambos, galáxia e buraco negro, se dá de maneira totalmente interligada.

Em 1939, quando o artigo de Oppenheimer e Snyder foi publicado, sugerindo a existência dos buracos negros, foi ridicularizado por alguns dos maiores cosmólogos do mundo. Aos poucos, a maioria dos cientistas convenceu-se de que os buracos negros tinham de existir, mas foi só no final da década de 1990 que o Telescópio Espacial Hubble nos facultou uma visão clara das perturbações galácticas que confirmam a presença desses corpos celestes em inúmeras galáxias. Não obstante, os buracos negros mal começaram a nos revelar seus segredos, e trouxeram em seu bojo novos mistérios que, embora possam conter a chave de uma compreensão muito mais vasta de como o universo funciona, parecem fadados a criar por muito tempo não só novas soluções, mas também novas complicações.

⚛ Para Saber Mais

Thorne, Kip S. *Black Holes and Time Warps: Einstein's Outrageous Legacy*. Nova York; Norton, 1994. Embora este livro tenha sido publicado antes de o Telescópio Hubble entrar em pleno funcionamento, e estar portanto desatualizado sob alguns aspectos, é de longe o melhor relato do desenvolvimento da teoria dos buracos negros. Mesmo com suas 600 páginas, é perfeitamente claro e legível; seu texto é animado pelas anedotas que Thorne nos conta acerca das personalidades dos cientistas que levaram adiante o estudo dos buracos negros nos últimos 60 anos.

Pickover, Clifford A. *Black Holes: A Traveler's Guide*. Nova York: John Wiley & Sons, 1996. Este livro, que se tornou muito popular e foi bem recebido pela crítica, conduz o leitor por uma viagem imaginária, na companhia de dois cientistas do futuro, que vão a um buraco negro para fazer uma série de experimentos. Trata-se de uma maneira leve de tratar um assunto difícil. O livro tem ilustrações maravilhosas e até mesmo códigos que permitem ao leitor criar em seu computador pessoal uma simulação gráfica de um buraco negro.

Couper, Heather (com contribuições de Nigel Henbest e ilustrações de Luciano Corbella). *Black Holes*. Nova York: DK Publishing, 1996. Um livro sofisticado para "jovens adultos", indicado especialmente para os leitores que querem saber mais sobre os buracos negros mas não têm tempo nem ânimo para ler um tijolo como a obra de Kip Thorne.

Ferris, Timothy. *The Whole Shebang*. Nova York: Simon & Schuster, 1997. Como em todos os outros temas de que trata neste livro, Ferris consegue, no que diz respeito aos buracos negros, explicar informações complexas.

Wheeler, John Archibald, e Kenneth William Ford. *Geons, Black Holes, and Quantum Foam: A Life in Physics*. Nova York: Norton, 1998. Wheeler é figura de destaque da física quântica desde o final da década de 1930, e sua autobiografia nos permite acompanhar desde dentro alguns dos mais extraordinários desenvolvimentos cosmológicos do século XX.

18

QUAL É A IDADE DO UNIVERSO?

Em 1912, nos atulhados escritórios do Observatório da Universidade de Harvard, em Cambridge, Massachusetts, fez-se uma descoberta que viria a mudar radicalmente a ciência da astronomia. Os efeitos dessa descoberta ainda hoje se fazem sentir, e estão no centro de grandes discussões a respeito do tamanho, da forma, da idade e do destino último do universo. A questão que mais confunde os astrônomos é a da idade do universo. As medidas tomadas por equipes de cientistas igualmente brilhantes não só sugerem resultados que guardam entre si uma diferença de bilhões de anos como também — o que é ainda pior — chegam todas à mesma impossibilidade: um universo mais jovem do que as estrelas mais velhas que dele fazem parte.

A descoberta de 1912 não foi obra de um astrônomo prestigiado. Henrietta Swan Leavitt fazia parte de um grupo de mulheres que trabalhavam nos escritórios do observatório, separando e categorizando as chapas fotográficas tiradas pelo telescópio da Universidade de Harvard, nas montanhas do Peru. Apesar da fama de Marie Curie, que ganhara o Prêmio Nobel de Física de 1903 e fora a única recebedora do Prêmio Nobel de Química de 1911, as cientistas mulheres eram raras na época. O trabalho de Leavitt era importantíssimo — ela e suas colaboradoras eram afetuosamente chamadas de "as computadoras" —, mas também era tedioso e não muito bem-remunerado. Não obstante, ao estudar uma série de fotografias das Nuvens de Magalhães, Leavitt percebeu que as diferenças de brilho das estrelas chamadas Cefeidas resultavam não só do seu tamanho, mas também da sua distância em relação à Terra.

A importância dessa observação foi rapidamente reconhecida pelo astrônomo norte-americano Harlow Shapley, que mais tarde, de 1920 a 1952, foi diretor do Observatório da Faculdade de Harvard. As variáveis Cefeidas têm uma

A galáxia espiral NGC 4639 situa-se a 78 milhões de anos-luz da Terra, no aglomerado de galáxias de Virgem. Os pontos brilhantes na periferia da galáxia são estrelas jovens, algumas das quais estrelas do tipo variável Cefeida, cuja importância foi percebida pela primeira vez por Henrietta Swan Leavitt, em 1912. As variáveis Cefeidas têm sido usadas desde a década de 1920 para medir as distâncias entre as estrelas. Cortesia da NASA (A. Sandage, Observatórios Carnegie; A. Saha, Instituto de Ciências do Telescópio Espacial; G. A. Tammann e L. Labhart, Instituto Astronômico, Universidade de Basiléia; F. D. Macchetto e N. Panagia, Instituto de Ciências do Telescópio Espacial/Agência Espacial Européia).

característica incomum. Seu brilho cresce e diminui num período que varia entre alguns dias e algumas semanas, num ciclo indefinidamente repetido. Observando não mais do que dois ciclos, é possível determinar o valor específico do brilho da estrela, chamado *magnitude absoluta*. A diferença entre esse valor e a *magnitude aparente* da estrela depende da distância da estrela em relação à Terra. Isaac Newton já provara que o brilho de um objeto diminui segundo o quadrado da distância entre o objeto e o observador. A distância pode ser calculada pelas fórmulas básicas da trigonometria, fórmulas empregadas há muito tempo pelos navegantes, por exemplo, para determinar a distância entre um navio e um farol. Na astronomia, o navio é a Terra e o farol é a variável Cefeida.

Usando essa nova ferramenta, Shapley fez novos estudos das Nuvens de Magalhães e, em 1916, anunciou que nosso sistema solar localiza-se na periferia da Via-Láctea, e não nas proximidades do centro, como há muito tempo supunham os astrônomos. Shapley estimou que o centro da galáxia estaria a uns 50.000 anos-luz de distância. Depois, esse valor foi corrigido para 30.000 anos-luz. Shapley errou o cálculo porque continuou dando crédito a outra suposição — a de que o universo inteiro estaria contido dentro da Via-Láctea. Mesmo quando fazem grandes inovações, os cientistas muitas vezes perdem de vista o quadro geral das coisas; apegam-se a um ponto de vista obsoleto ao mesmo tempo que rompem com outro.

Caberia ao grande rival de Shapley, Edwin Powell Hubble, proferir a afirmação revolucionária de que a própria Via-Láctea era apenas uma peça de um quebra-cabeça muito maior. Num artigo lido pelo grande astrônomo Henry Norris Russell no dia de Ano-Novo de 1925 perante um importante congresso de astrônomos realizado em Washington, Hubble demonstrou que a Via-Láctea era simplesmente uma galáxia perdida num grande mar de espaço, em meio a inumeráveis outras galáxias. Chamou-as de "universos insulares", expressão poética e adequada, que revelava até mesmo às pessoas comuns a vastidão do universo que ele havia descoberto.

Hubble, junto com alguns outros medalhões da astronomia, acreditava que as nebulosas espirais não eram meras nuvens de gás que rodopiavam dentro da Via-Láctea, mas inteiros sistemas estelares fora dos confins de nossa galáxia. Na qualidade de astrônomo membro do Observatório de Monte Wilson, na Califórnia, ele usara o novo telescópio refletor de 2,5 metros, posto em operação em 1923, para coligir dados fotográficos que substanciassem sua teoria. A teoria foi corroborada por cálculos referentes às variáveis Cefeidas das nebulosas espirais, reveladas pela primeira vez aos olhos humanos pelo novo telescópio. Cerca de 30% das galáxias conhecidas são atualmente classificadas como *nebulosas espirais*. Elas consistem num aglomerado central de estrelas e num disco achatado que geralmente contém dois braços em espiral, feitos de estrelas jovens e quentes e nuvens de gás e poeira. A extensão do universo descoberto por Edwin Hubble deixou os astrônomos perplexos e, de início, praticamente não foi compreendida pelo público em geral.

No decorrer de toda a história da humanidade, nada houve como a astronomia para fazer o homem perder a idéia de sua própria importância. No século II d.C., Ptolomeu nos colocou no centro de todas as coisas, construindo um universo no qual o Sol, os outros planetas e todas as estrelas giravam em torno da Terra. Os seres humanos gostaram tanto dessa imagem que ela sobreviveu até o século XVI, quando Copérnico demonstrou que a Terra gira em torno do Sol. Essa idéia degradante foi combatida por mais de um século; ainda em 1633, Galileu foi levado perante a Inquisição por defendê-la. Ao cabo das duas primeiras décadas do século XX, Shapley havia deslocado nosso sistema solar para a periferia da Via-Láctea e Hubble havia demonstrado a existência de numerosas outras galáxias; foi assim que acabou a festa. A partir de então, tivemos de nos conformar com a idéia de que vivemos num pequeno planeta de um insignificante sistema planetário perdido em meio a centenas de milhões de galáxias, muitas das quais contêm mais de 2 bilhões de estrelas.

Depois de estourar a primeira bomba em 1925, Hubble voltou a estudar o desvio para o vermelho das variáveis Cefeidas das nebulosas espirais que identificara como galáxias. O *desvio para o vermelho*, uma mudança de cor em direção à extremidade vermelha do espectro luminoso, ocorre quando a fonte de luz está se afastando do observador. O fenômeno já fora estudado pelo astrônomo Vesto Slipher, do Observatório Lowell, localizado em Flagstaff, Arizona. Slipher passara vários anos estudando o assunto, mas em 1922 foi dedicar-se a outros temas de pesquisa; no fim, foi Hubble quem chegou à conclusão de que o desvio para o vermelho era sinal de que as outras galáxias estavam se movendo para longe de nós, aumentando nesse processo o tamanho do universo. A Lei de Hubble, publicada em 1929 e que ainda é a ferramenta básica para a medição do tamanho e da idade do universo, reza que, quanto mais distante uma galáxia, maior o desvio para o vermelho que será exibido pelo seu espectro.

Naquela época, os astrônomos norte-americanos trabalhavam, sobretudo, com as observações feitas nos telescópios de Monte Wilson e do Observatório Lowell, que eram muito superiores a quaisquer telescópios encontrados na Europa. Os físicos europeus, por outro lado, comandados por Albert Einstein, usavam teorias matemáticas para descrever o universo. No começo da década de 1930, tanto os astrônomos quanto os físicos começaram a perceber que estavam tratando dos mesmos problemas a partir de pontos de vista diversos, e começou a haver uma maior fusão de teoria e observação. Foi dessa interpolinização que nasceu a teoria do Big-Bang. Como dissemos em detalhes no Capítulo 1, essa explicação das origens do cosmos reza que, de 10 a 20 bilhões de anos atrás, toda a matéria e a energia do universo estavam concentradas num único ponto, infinitamente denso e quente, que explodiu de repente; a matéria e a energia assim liberadas transformaram-se nas enormes galáxias que hoje conhecemos.

Como já vimos, a teoria do Big-Bang só passou a ser levada a sério na década de 1960, com a constatação da existência de uma radiação de fundo (a sobra do Big-Bang) que já fora postulada teoricamente. Os esforços dos astrônomos e físicos do século XX — desde o primeiro artigo que Einstein publicou sobre a relatividade, em 1905, passando pela constatação da importância das variáveis Cefeidas, obra de Henrietta Leavitt, até a aplicação que Hubble fez de todos esses trabalhos para postular a existência de uma multiplicidade de universos insulares — uniam-se às descobertas da radioastronomia para proporcionar uma base real para a determinação do tamanho, da idade e do destino último do universo.

Veio então o Telescópio Espacial Hubble, adequadamente chamado pelo nome do homem que demonstrou primeiro a existência de inumeráveis galáxias. Esperava-se que o telescópio Hubble confirmasse a opinião generalizada de que o universo tem entre 14 e 20 bilhões de anos de idade. Os telescópios terrestres conseguem detectar Cefeidas localizadas a 15 milhões de anos-luz. Quando o Hubble passou a funcionar como devia, depois de ser consertado em 1993, tornou-se possível visualizar Cefeidas localizadas a 60 milhões de anos-luz.

O primeiro relatório de uma equipe de astrônomos que trabalhou com os dados do Hubble, publicado em 1994, causou enorme celeuma. Antes daquela época, tinha-se como certo que a *constante de Hubble* (o ritmo de expansão do universo segundo a lei de Edwin Hubble, de 1929) era igual a 50 quilômetros por segundo por megaparsec. Cinqüenta quilômetros é um valor que qualquer pessoa é capaz de compreender, mas um megaparsec é um número de magnitude totalmente diferente. Um parsec é igual a 3,26 anos-luz. Um megaparsec é um milhão de vezes isso. Num universo em que a galáxia mais próxima — Andrômeda — está a 2 milhões de anos-luz de distância, esses números são corriqueiros para os astrônomos. Estes cientistas, porém, não se agradam quando novas observações fazem com que esses números mudem dramaticamente — e foi isso que aconteceu em 1994.

A equipe de 22 pessoas que usava o Telescópio Hubble estudara 20 cefeidas da galáxia M100, no centro do superaglomerado de Virgem. O desvio para o vermelho dessas cefeidas levou a equipe a concluir que a M100 estava muito mais próxima de nós do que se pensava originalmente — tão mais próxima, aliás, que a constante de Hubble teve de aumentar de 50 para 80 quilômetros por segundo por megaparsec. Isso queria dizer que o universo estava se expandindo muito mais rápido do que antes se acreditava. Se estava se expandindo tão rápido, tinha de ser mais jovem — muito mais jovem. Não teria de 14 a 20 bilhões de anos de idade, mas meros 8 bilhões.

Esse número não era só difícil de engolir; houve quem seriamente se engasgasse com ele. As estrelas mais velhas da nossa Via-Láctea, que têm sido estudadas há mais tempo e o foram do modo mais completo, teriam cerca de 14 bilhões de anos de idade. Seriam, assim, mais velhas do que o universo como um todo, o que é, evidentemente, uma impossibilidade.

No pânico que a isso se seguiu, alguns astrofísicos chegaram a sugerir a reabilitação da constante cosmológica de Einstein, a força antigravitacional que ele usara como fator-fantasma para desenvolver sua teoria da relatividade e depois descartara. Porém, era mais fácil partir do pressuposto de que algo dera errado com esse estudo feito com o Telescópio Hubble — por mais eminentes que fossem os cientistas que o conduziram. A equipe voltou a trabalhar. No final de maio de 1999, um novo relatório foi publicado. Chegou-se finalmente ao valor de 70 quilômetros por segundo por megaparsec, mais ou menos 7 quilômetros. No seu valor mínimo, portanto, de 63 quilômetros por segundo por megaparsec, a idade das estrelas mais velhas da Via-Láctea poderia encaixar-se no quadro geral do universo, especialmente porque outros estudos haviam diminuído a idade dessas estrelas. A chefe da equipe, Wendy Freedman, dos Observatórios Carnegie de Pasadena, Califórnia (muito tempo se passara desde os dias de Henrietta Leavitt, e as mulheres já haviam conquistado seu lugar na astronomia), afirmou: "Depois de todos esses anos, chegamos enfim à era da cosmologia de precisão."

Essas palavras foram proferidas em 25 de maio de 1999. No dia 1º de junho foi publicado um outro estudo, feito com métodos diferentes e divulgado numa reunião da Associação Astronômica Norte-Americana, em Chicago. As conclusões desse estudo revelavam a existência de problemas em todas as medidas feitas anteriormente. O estudo, baseado na radioastronomia e realizado com os radiotelescópios da Very Long Baseline Array, mediu a distância entre a Terra e uma galáxia situada a 23,5 milhões de anos-luz, na constelação da Ursa Maior. O Very Long Baseline Array consiste em 10 antenas parabólicas idênticas, cada qual com 25 metros de diâmetro. Usadas juntas, como o foram nesse estudo, elas proporcionam uma visão equivalente à de um telescópio de 8.000 quilômetros de diâmetro.

Essas medidas da Ursa Maior deram a entender que o universo é 15% menor do que se pensava, e, logo, 15% mais jovem. A galáxia estudada, denominada NGC 4258, foi descrita por James Moran, da Universidade de Harvard e membro da equipe, como "uma dádiva da natureza para a radioastronomia". Verifica-se nela a presença dos chamados *mêisers*, uma forma muito forte de emissões de rádio. Embora essas medidas sejam consideradas as mais precisas já realizadas, os resultados mais uma vez sugerem um universo mais jovem do que as estrelas mais velhas da Via-Láctea.

Algo está errado. Talvez as medidas do desvio para o vermelho das variáveis Cefeidas, muito embora remontem à década de 1920, estejam erradas desde o princípio. Talvez as medidas feitas pelos radiotelescópios sejam baseadas em pressupostos errôneos. E, embora nenhum astrônomo o diga abertamente, pode ser que nenhum dos dois métodos de medição de distâncias esteja correto. Talvez o problema seja a própria teoria do Big-Bang. Talvez exista de fato uma força antigravitacional ou outro princípio cosmológico desconhecido; talvez a chave do problema não tenha ainda sido descoberta. Seja como for, os melhores esforços dos melhores cosmólogos do mundo não geram resultados concordantes; e, até que as medidas se unifiquem, a idade do universo permanecerá desconhecida.

Mas devemos nos lembrar que no início dos anos 1920, todos acreditavam que o universo inteiro estava contido na Via-Láctea.

❄ Para Saber Mais

Ferris, Timothy. *The Whole Shebang*. Nova York: Simon & Schuster, 1997. Ferris nos oferece informações sólidas sobre a idade do universo, embora os problemas que atualmente abalam esse campo de estudos tenham ocorrido depois da publicação de seu livro.

Thuan, Trinh Xuan. *The Secret Melody*. Nova York: Oxford University Press, 1995. A lucidez e o dom poético de Thuan dão um brilho todo especial ao capítulo em que ele trata deste tema.

Boslough, John. *Masters of Time*. Reading, MA: Addison-Wesley, 1992. Um exame crítico dos problemas e conflitos que têm surgido no campo da cosmologia geral. Boslough faz um uso interessante de diversas entrevistas com cientistas de renome.

Christianson, Gale E. *Edwin Hubble*. Nova York: Farrar, Straus and Giroux, 1995. Esta bela biografia de Hubble explica claramente como ele desenvolveu suas idéias revolucionárias, ao mesmo tempo que nos pinta um retrato vívido deste colorido personagem, com destaque para sua rivalidade com Harlow Shapley e outros.

Hawking, Stephen. *A Brief History of Time* (10ª edição de aniversário). Nova York: Bantam, Doubleday, Dell, 1998. A edição original deste livro, lançado em 1988 pelo legendário Hawking, foi um sucesso estrondoso de vendas no mundo inteiro (talvez tenha sido mais comentada do que lida). Esta edição revista e aumentada traz novas informações e esclarece alguns pontos.

Nota: Para os que quiserem se manter atualizados com os debates a respeito da idade do universo, o *New York Times* faz uma excelente cobertura do assunto, particularmente por meio de artigos de cosmologia de John Noble Wilford e Malcolm Browne.

19

ACASO EXISTEM MÚLTIPLOS UNIVERSOS?

À s vezes a vida imita a arte.
 As viagens espaciais — cortesia do Sr. Júlio Verne em seu primeiro romance, *From the Earth to the Moon* [*Da Terra à Lua*], publicado em 1865, e na seqüência publicada em 1869, *Round the Moon* [*Ao Redor da Lua*] — tornaram-se uma idéia popular um século antes de a *Apolo 11* pousar na Lua e 40 anos antes de os irmãos Wright conseguirem voar numa máquina motorizada mais pesada que o ar, em Kitty Hawk. A própria nave de Verne decolava da Flórida e caía no Pacífico a meros 4 quilômetros do ponto exato onde aterrissou a *Apolo 9*, como se deu ao trabalho de observar o astronauta Frank Borman numa carta enviada ao neto de Verne logo depois dessa missão. Dentre os mais famosos exemplos posteriores desse tipo de presciência, Cleve Cartmill talvez ganhe o primeiro prêmio pelo conto "Deadline" ["Prazo Final"], publicado na *Astounding Science Fiction* no verão de 1944. Os cientistas do conto estavam envolvidos em pesquisas muitíssimo parecidas com as que estavam sendo empreendidas de fato, na mesma época, pelos criadores da bomba atômica. O que realmente pôs as sentinelas de Washington de cabelos em pé foi que Cartmill deu ao projeto científico secreto de seu conto o nome de "Projeto Hudson River". Isso se assemelhava demais ao verdadeiro e ultra-secreto "Projeto Manhattan", e tanto Cartmill quanto o editor da revista, John W. Campbell, foram longamente interrogados pelo FBI. Finalmente conseguiram convencer as autoridades de que "tudo não passava de um conto", baseado em projetos de conhecimento público havia mais de uma década.

Um romance escrito em 1952 por Jack Williamson, entretanto, é a seu modo um exemplo ainda mais extraordinário. Verne era ótimo para dar forma concreta a idéias científicas — chegou até a acertar a velocidade de escape —, mas até os antigos gregos já teciam fantasias sobre viagens à Lua; e a possibilidade de domar a energia do átomo já vinha sendo debatida por várias décadas quando Cleve Cartmill assenhoreou-se do tema — H. G. Wells cunhara o termo "bombas atômicas" em seu romance de 1913, The World Set Free [O Mundo Liberto]. Em seu livro de 1952, porém, intitulado The Legion of Time [A Legião do Tempo], Williamson fez uma coisa totalmente diferente: previu acertadamente um desenvolvimento da ciência teórica.

Williamson foi um dos mais imaginativos escritores de ficção científica do II Pós-Guerra — até demais, na opinião dos que preferiam que toda ficção científica fosse baseada em "fatos científicos". A verdade é que Williamson tinha um excelente conhecimento científico, mas tinha a tendência de tomar a mais remota das possibilidades e amplificá-la ao máximo. É isso o que fez em A Legião do Tempo, uma história sobre idas e vindas entre mundos ou universos paralelos. John Gribbin, escritor de divulgação científica, faz o seguinte comentário no livro In Search of Schrödinger's Cat, sobre física quântica, publicado em 1984: "Pelo que pude averiguar, foi essa a primeira vez, quer no mundo real, quer na ficção, que o conceito dos mundos paralelos — que mais tarde viria a se tornar a interpretação multicósmica da mecânica quântica — apareceu num livro impresso."

"A geodésica postula uma proliferação infinita de ramificações possíveis, ao sabor do indeterminismo subatômico." Foi isso o que Williamson escreveu para dar uma explicação parcial do que acontecia em seu romance. Bobagem? De maneira alguma. Gribbin faz questão de dizer que o físico Hugh Everett, em sua famosa tese de doutorado sobre o assunto, escrita em 1957, não conseguiu formular esse princípio de modo mais compreensível do que isso, embora tenha conseguido substanciá-lo matematicamente. A tese de Everett causou tumulto. Propunha ele a possibilidade de que o universo continuamente "se dividisse" em sua evolução, criando um número infinito de universos. Não é correto, porém, conceber esses universos como paralelos uns aos outros. Um universo sempre provém de um outro e dá origem a um outro, e assim por diante. A idéia do "caminho que não foi trilhado" é levada assim à sua conclusão final. Num universo (este que conhecemos), Lincoln foi assassinado por John Wilkes Booth; em outro, ele levou o tiro mas não morreu; em outro ainda, a arma nem teria sido disparada; em outro, muitas "ramificações" para trás, nem Lincoln nem Booth existiriam. Haveria universos em que os acontecimentos subatômicos teriam impedido, por exemplo, a própria existência dos Estados Unidos, e outros ainda em que a própria raça humana não teria evoluído.

Mesmo os que admitem essa possibilidade admitem ao mesmo tempo que ela tem o estranho poder de confundir a mente. O físico Bryce DeWitt, defensor da teoria, o expressa de modo muito simples numa frase freqüentemente citada: "Cada transição quântica que ocorre em cada estrela, em cada galáxia, em cada um dos mais remotos recantos do universo, faz com que o nosso mundo terrestre se ramifique em miríades de cópias de si mesmo. Ainda me lembro do choque que senti quando me deparei pela primeira vez com esse conceito de múltiplos mundos." O senso comum, até mesmo nosso senso de "realidade", pode se rebelar contra essa idéia, e por isso ela é objeto do desgosto de muitos físicos. Mesmo os que não a aceitam, porém, admitem que não há nada de errado com a matemática na qual ela se baseia — essa matemática não se afasta nem um pouco de outras interpretações menos bizarras da teoria quântica. Como vimos no Capítulo 15, novos estudos experimentais dão a entender que a física quântica pode funcionar não só no nível subatômico, mas também no mundo concreto que conhecemos — talvez.

Boa parte da resistência à teoria dos múltiplos universos deriva do fato de que ela não só é complicada como também, ao que parece, não pode ser posta à prova — por definição, não pode haver comunicação entre os universos múltiplos, o que impossibilita que a existência deles seja comprovada. Vale a pena lembrar que a "teoria da inflação", que trata do que aconteceu logo após o Big-Bang, é igualmente complicada e inconfirmável, e os físicos, não obstante, correm para abraçar a idéia. Por que não a dos múltiplos universos? A razão da diferença de popularidade entre esses dois conceitos igualmente "forçados" é que a teoria da inflação resolveu um problema que dava chiliques nos físicos. Por isso dispuseram-se eles a aceitar a teoria, mesmo que não pudesse ser comprovada. Por mais válida que seja a teoria dos múltiplos universos enquanto conseqüência matemática da mecânica quântica, ela não resolve nenhum problema — e cria outros que não existiam. Por isso, é melhor ignorá-la. O leitor que vê nessa atitude uma solução de conveniência não está sozinho em sua opinião — os defensores da teoria dos múltiplos universos dizem a mesma coisa. A conveniência, porém, pode cair tanto para um lado quanto para o outro. Para os cosmólogos, é conveniente aceitar a teoria da inflação, mas igualmente conveniente rejeitar a dos múltiplos universos. John Wheeler, que supervisionou a construção da bomba de hidrogênio e deu nome aos buracos negros, foi o professor e o mentor de Hugh Everett, e contribuiu com suas idéias para com o desenvolvimento da teoria dos múltiplos mundos; mas, no fim, voltou-se contra ela. Justificou esse ato com a afirmação de que a teoria "leva em seu bojo um excesso de bagagem metafísica".

O próprio Wheeler chegou a conclusões aparentadas com a idéia de universos múltiplos, mas de um outro tipo. Na opinião dele, o universo (ou, antes, *um* universo) se expande até certo ponto e depois começa a contrair-se. A contração continua até que a densidade e a temperatura se tornem infinitas — e um novo Big-Bang ocorre inevitavelmente. Entretanto, nesse ciclo sem fim, cada novo universo será diferente do anterior — se os caminhos tomados por umas poucas partículas subatômicas no novo universo forem diferentes dos seguidos no universo anterior, tudo será pelo menos um pouco diferente, com a possibilidade de ser diferente a um ponto inimaginável. O novo universo poderia, por exemplo, ter leis físicas completamente diferentes das nossas. Nele, a gravidade de Newton e a relatividade de Einstein poderiam não se aplicar. Com efeito, como diz Trinh Xuan Thuan em *The Secret Melody*, "A maioria desses ciclos não terão as condições necessárias ao surgimento da inteligência. Por acaso, em nosso ciclo desenvolveram-se as condições necessárias.... Wheeler substituiu a frenética duplicação de universos de Everett por uma sucessão infinita, mas a idéia permanece a mesma: um número infinito de universos, cujas condições iniciais e até cujas leis físicas podem variar aleatoriamente. Além disso, esses universos não têm absolutamente nenhuma ligação uns com os outros." Thuan, escrevendo em meados da década de 1990, notou também que a teoria cíclica de Wheeler tinha fundamentos científicos "ainda mais frágeis" do que a dos universos ramificantes de Everett, e por diversos motivos. Um deles era que não havia prova de que o universo continha matéria suficiente para "implodir" sobre si mesmo. Isso é importante, pois os dados astronômicos mais recentes dão apoio à opinião oposta, de que o universo continuará expandindo-se para sempre.

    Stephen Hawking deu ainda uma terceira direção a idéias semelhantes às de Everett. Sua hipótese ainda implica o conceito de universos múltiplos, mas alguns cosmólogos consideram-na mais fácil de engolir. Como afirma Michio Kaku no livro *Hyperspace*, de 1994, Hawking era, de início, "um relativista clássico puro, e não um adepto da teoria quântica". Em outras palavras, seus primeiros trabalhos enquadraram-se nos moldes da teoria da relatividade de Einstein, não do princípio de incerteza de Heisenberg. No decorrer do tempo, porém, Hawking convenceu-se de que só a teoria quântica poderia fornecer a "grande teoria unificada" que ele e outros físicos vêm procurando há muitos anos — uma teoria que conciliasse o mundo quântico com os sistemas de Newton e Einstein.

    A teoria quântica pressupõe uma função ondulatória que contém todos os estados futuros possíveis de uma determinada partícula. Hawking decidiu conceber o universo inteiro como se fosse uma partícula subatômica; como uma tal partícula tem um conjunto infinito de estados possíveis, a idéia de um universo dotado de função ondulatória implica um conjunto infinito de universos possíveis. A função ondulatória parece ser uma característica própria do nosso universo (caso contrário, não estaríamos aqui para pensar sobre essas coisas ou

John Archibald Wheeler, que comandou o desenvolvimento da bomba de hidrogênio e deu nome aos buracos negros, formulou a hipótese de que o universo vai contrair-se sobre si mesmo e depois explodir num novo Big-Bang, que resultará num outro universo com leis físicas totalmente diferentes. Cortesia do Instituto Norte-Americano de Física, Arquivos Visuais de Emilio Segré.

agir como observadores da função ondulatória), ao passo que a maioria dos demais universos seriam universos "mortos". Continua sendo possível, porém, que em outro lugar as possibilidades infinitas intrínsecas da função ondulatória tenham gerado outro universo ainda mais "favorecido" do que o nosso. Nesse hipotético universo, as questões que ainda nos preocupam podem já ter sido solucionadas por seres muito mais inteligentes do que nós.

À semelhança dos universos ramificados de Everett, os universos múltiplos de Hawking são incontáveis, mas muitos físicos gostam mais da versão de Hawking por um único motivo: os diversos universos não fazem parte um do outro, mas são todos separados; cada qual é uma bolha separada das outras. Pelas equações de Everett, nossas próprias ações criam novos universos, nos quais nos ramificamos em realidades alternativas; porém, em algum ponto desse caminho rumo ao infinito, a nova ramificação pode não conter nem você, nem eu, nem o físico que formulou a teoria. Nesse universo, as partículas quânticas poderiam ter divergido o suficiente para nos deixar totalmente fora dele. Para apresentar essa questão de maneira mais prosaica e mais crua, digamos que nós poderíamos, por exemplo, morrer mais cedo, abatidos por um bêbado ao volante que, em vez de passar bem ao nosso lado, passa com o carro por cima de nós.

Há um outro aspecto do conceito de universos ramificados de Everett que perturba a muitos — aos físicos, aos encanadores e aos caixas de banco igualmente: a idéia parece não dar espaço algum ao livre-arbítrio. Quaisquer que sejam as nossas ações, um novo universo será criado no qual essas ações não terão acontecido. Numa ou noutra ramificação, todas as conseqüências possíveis das nossas ações vão existir. Será que, nesse caso, precisaríamos tomar cuidado com o que fazemos? Nossas escolhas, boas ou más, já não teriam importância. Os físicos, em específico, aborrecem-se com essa idéia — afinal de contas, passam a vida tentando descobrir exatamente como as coisas funcionam. E, se todas as respostas têm exatamente o mesmo valor, cada qual em sua própria realidade isolada, por que se preocupar com isso?

Por outro lado, a idéia dos universos ramificados pode parecer animadora para os que estão descontentes com o caminho que tomaram na vida. Como é bom saber que, em outro universo, você se formou médico em vez de abandonar a faculdade de medicina, conseguiu convencer seu primeiro amor a casar com você e não com aquele imbecil, e tornou-se um escritor de sucesso em vez de ir aos poucos acumulando no sótão seus manuscritos não-publicados. Em algum momento a bola entrou no gol, o suflê não murchou, aquele rapaz lhe deu um sorriso, você ganhou o aumento. Porém, não vale a pena se deixar levar por esses pensamentos, pois, mesmo nessa realidade alternativa, o dia seguinte pode ser um verdadeiro pesadelo.

Até agora analisamos as teorias de múltiplos universos propostas por cientistas eminentes, sustentados por equações matemáticas que os físicos levam a sério, mesmo quando não apreciam as suas implicações: os universos ramificados de Everett, os universos de bolhas de Hawking e os universos infinitamente reformulados de Wheeler que expandem, contraem e são revividos num Big-Bang que torna tudo diferente. Mas existe ainda outro tipo de universo múltiplo, que ninguém sustenta com a matemática, mas que não é necessariamente regido pela teoria quântica.

Na década de 1930, Henry Hasse escreveu um conto de ficção científica chamado *"He Who Shrank"* ["O Homem que Encolheu"]. Esse conto teve um profundo efeito sobre o jovem Isaac Asimov, que depois veio a incluí-lo na antologia *Before the Golden Age* [*Antes da Era de Ouro*]. No conto, um cientista dedicado ao estudo das estruturas moleculares elabora uma beberagem capaz de deixar um homem do tamanho de uma molécula — e convence seu assistente a ser o primeiro a experimentá-la. É difícil levar a sério essa parte do conto, que conduz ao seu limite extremo a idéia do elixir do Dr. Jekyll. Porém, o restante do conto é esplêndido. A história é contada na primeira pessoa pelo assistente, que não só encolhe como continua encolhendo, passando de universo em universo, no decorrer de muitas eras. Por fim, depois de várias aventuras entre os estranhos habitantes de outros universos, o viajante imortal encolhe o suficiente para encontrar-se de volta em nosso sistema solar; e desce enfim, na qualidade de um gigante enorme, sobre as águas do Lago Erie, infundindo o pânico nos habitantes de Cleveland. Depois de encolher até chegar quase ao tamanho de um ser humano, ele busca um cientista escritor, hipnotiza-o e conta a sua incrível história, que o cientista, em transe, registra em letra cursiva. Voltando à consciência, o cientista vê seu visitante desaparecer sobre a própria folha de papel na qual estava escrevendo. Depois, dá a conhecer ao mundo a história que escreveu.

Sem mencionar explicitamente o assunto, Hasse consegue transmitir a idéia de que nosso mundo, nossa galáxia, nosso universo, são meras moléculas no tampo de uma mesa num outro universo muito maior, e que os próprios grãos de areia das praias do Lago Erie devem conter dentro de si universos inteiros. Enquanto isso, o infeliz cientista vai encolhendo e passando de nível em nível, de universo em universo, cada qual menor do que o anterior, mas cada qual um cosmos completo em si mesmo.

O texto de Hasse não passa de um conto, um conto muito inteligente, que consegue veicular uma idéia difícil de maneira simples — um mero conto de ficção científica. Lembremo-nos, porém, que *A Legião do Tempo*, de Jack Williamson, também era só um romance, mas seus múltiplos universos logo foram corroborados por uma brilhante prova matemática que forçou os maiores físicos do mundo a pensar sobre o seu significado.

Acaso existem múltiplos universos? Há grandes cientistas que respondem a essa pergunta com um "sim"; mas, como nós não podemos nos comunicar com esses universos, os físicos têm liberdade para construir diversas hipóteses matematicamente plausíveis de como esses mundos devem ser. As conseqüências teóricas dessa idéia são demasiado perturbadoras e, como disse John Wheeler, ela envolve um excesso de "bagagem metafísica"; por isso, muitos físicos consideram pura perda de tempo a exploração desse campo de estudos. Preferem que o assunto seja deixado a cargo dos filósofos e escritores de ficção científica. Porém, Hawking, Everett e outros acham que, a menos que essas possibilidades sejam levadas em conta, jamais encontraremos a resposta para perguntas muito mais pertinentes para a nossa limitada vida cotidiana. Muito além disso, restam também as palavras do filósofo Santo Alberto Magno: "Será que existem vários mundos ou um único mundo? É essa uma das questões mais excelsas do estudo da natureza." Sem dúvida, sempre haverá aqueles que continuarão fazendo essa pergunta, por mais estranhas que pareçam as respostas.

Para Saber Mais

Kaku, Michio, *Hyperspace*. Nova York: Oxford University Press, 1994. Kaku, que também é físico teórico, é profundo conhecedor de temas como os universos paralelos e as distorções do tempo. Escreve, além disso, com admirável clareza, e tem o dom de cativar o leitor com o uso de detalhes biográficos e referências tiradas de outros campos de estudo. É dotado, por fim, de um excelente senso de humor, o que faz com que os marinheiros de primeira viagem sintam-se mais à vontade.

Thorne, Kip. S. *Black Holes and Time Warps*. Nova York: Norton, 1994. Thorne tem um pé atrás com o assunto dos universos paralelos; mas seu longo relacionamento com John Wheeler, na qualidade de aluno e colega deste, esclarece muitas coisas sobre o modo pelo qual os físicos se relacionam entre si quando uma nova teoria cria problemas insuspeitados.

Berman, Bob. *Secrets of the Night Sky*. Nova York: Morrow, 1995. Astrônomo e colunista da revista *Discover*, Berman trata de diversos assuntos neste livro, que tem também um capítulo sobre os outros universos. Seu estilo irreverente vai agradar a alguns leitores e irritar a outros.

Williamson, Jack. *The Legion of Time*. Nova York: Pyramid Books, 1952. Este legendário romance de ficção científica, foi publicado pela primeira vez em 1952 e reeditado em 1967.

20

QUANTAS DIMENSÕES EXISTEM?

Em 1950, Hollywood, com medo de perder espectadores para a televisão, inventou o cinema em três dimensões. Sentávamo-nos com óculos de papelão no rosto para assistir a filmes terríveis, como *Bwana Devil*. Que empolgação! Howard Johnson, que era na época a maior cadeia de lanchonetes dos Estados Unidos e não queria ficar para trás, inventou um sanduíche que chamou de "3-D", com dois hambúrgueres em três camadas de pão — conceito que permanece conosco até hoje. No século XXI, porém, tanto Hollywood quanto as lanchonetes terão de esforçar-se um pouco mais para acompanhar o progresso dos tempos. Segundo a teoria das supercordas, existem 10 dimensões, talvez 26, e eu lhe pergunto como usar essa idéia para fazer um sanduíche.

A raça humana sempre conseguiu viver com as três dimensões espaciais dentro das quais vivemos, até que Einstein apareceu e nos deu uma quarta: o tempo. Na verdade, as pessoas comuns não tiveram muitos problemas para compreender essa idéia. Digamos que você combine com uma amiga de pegá-la no escritório para assistir *Bwana Devil*. Ela lhe informa que o escritório está localizado na esquina das ruas Chestnut e King, no terceiro andar. Leva em conta, assim, as duas dimensões horizontais do espaço (as duas ruas que fazem esquina) e mais a dimensão vertical (o andar). Além disso, ela lhe diz a que horas você deve passar lá — talvez às 5:15, digamos —, acrescentando assim mais um elemento de localização. Do ponto de vista da relatividade, todas as coisas acontecem não só nas três dimensões espaciais, mas também na quarta dimensão, a dimensão temporal. Quando se juntam as quatro, obtém-se o espaço-tempo de Albert Einstein.

Em 1919, pouco tempo depois de a teoria da relatividade geral ser confirmada por Sir Arthur Eddington, que fez observações de Mercúrio durante um eclipse do Sol, Einstein recebeu uma carta de um matemático polonês tão obscuro quanto o próprio Einstein o fora antes de 1905. O matemático, chamado Theodor Kaluza, apresentava a idéia de que o universo talvez tivesse mais de três dimensões espaciais. O raciocínio de Kaluza partia da possibilidade de que existisse uma dimensão "enrolada", pequena demais para ser vista. As tentativas de explicar essa dimensão enrolada tendem a ser tortuosas, mesmo quando acompanhadas de ilustrações, e isso porque, em nosso mundo grande e tridimensional, é impossível representar qualquer coisa em mais de três dimensões, mesmo com um objeto esculpido; e, na página de um livro, é impossível representar qualquer coisa em mais de duas dimensões. Brian Greene, físico que não só compreende bem esse campo da ciência como também deu contribuições importantes a esses estudos, gasta diversas páginas do seu livro *The Elegant Universe*, de 1999, para apresentar a analogia de uma mangueira de jardim estendida sobre um abismo, sobre a qual caminha uma formiga. A comparação consegue transmitir a idéia, mas basta dizer aqui que a mangueira assume aparências muito diferentes para uma pessoa que a vê de binóculos ou a olho nu, é diferente ainda para a formiga e contém dentro de si um espaço fechado que ninguém vê.

    A frase mais importante de toda essa sentença é "que ninguém vê". A dimensão adicional cuja existência Kaluza sugeriu a Einstein — e o número cada vez maior de outras dimensões que foram acrescentadas depois do começo da década de 1980 — não pode ser observada com nenhum instrumento de que dispomos. Do ponto de vista matemático, porém, a suposição de sua existência produziu resultados extraordinários. O que de início chamou a atenção de Einstein foi que as fórmulas relativísticas que Kaluza desenvolveu usando uma dimensão a mais levavam inexoravelmente às equações que James Clerk Maxwell usara para descrever a força eletromagnética na década de 1880. O próprio Einstein tomara os trabalhos de Maxwell como ponto de partida, mas foi só com o acréscimo de mais uma dimensão que o eletromagnetismo e a relatividade puderam unir-se plenamente. Einstein, alternando o entusiasmo e o desânimo, deixou as idéias de Kaluza cozinhando em fogo brando por dois anos até que concordou em vê-las publicadas. Elas foram então desenvolvidas pelo matemático sueco Oskar Klein. Os experimentos feitos para provar a teoria depararam-se, porém, com sérios problemas, e a idéia toda foi deixada de lado.

    Foi só na década de 1970 que as idéias de Kaluza voltaram à tona, ligadas dessa vez à teoria das cordas. Os primeiros vislumbres dessa nova teoria foram captados por acidente por Gabriel Veneziano, jovem pesquisador do CERN, o acelerador de partículas de Genebra, na Suíça. Veneziano estava tentando resolver certos problemas ligados à força nuclear forte. Folheando um livro de matemática, seu olhar recaiu sobre uma esotérica função matemática criada no século XIX pelo matemático Leonhard Euler. Veneziano percebeu que a assim-chamada função beta de Euler parecia descrever muitas das reações fortes entre as partículas elementares. Foi esse o ponto de partida de toda uma nova maneira de conceber o universo. Na época, a física quântica estava se deparando com problemas de toda sorte, e os físicos mais jovens logo se interessaram por esses novos direcionamentos teóricos. Pouco a pouco, outros aspectos daquela que viria a tornar-se a teoria das cordas foram surgindo no decorrer da segunda metade da década de 1970. Os dados, porém, pareciam pecar por falta de coerência interna, e a teoria das cordas só decolou de fato quando John Schwarz, do Instituto Tecnológico da Califórnia, e Michael Green, do Queen Mary's College de Londres, foram capazes de demonstrar, em 1984, que a coerência interna era possível.

O que são as *cordas*? São entidades que vibram pelo universo afora, em toda parte, tão infinitesimais que são necessários 10 trilhões delas para compor um único quark — o qual já é tão pequeno que só podemos deduzir sua existência a partir de experimentos. Estamos descendo a um nível inferior ao do mundo subatômico da física quântica, um universo de atividade tão infinitesimal que a própria palavra "micro" parece insuficiente para descrevê-lo. Alguns leitores talvez se lembrem, aqui, dos debates medievais sobre quantos anjos podem dançar sobre a cabeça de um alfinete, ou do conto de Henry Hasse, do qual falamos no Capítulo 19, sobre um cientista que desaparece no tampo da mesa e ressurge como um gigante sobre as águas do Lago Erie. Muitos físicos eminentes tiveram, a princípio, a mesma reação — e alguns têm dúvidas até hoje.

A teoria das cordas tem, contudo, pontos a seu favor. O intratável problema de como encaixar a força da gravidade na física quântica simplesmente desaparece. Ao mesmo tempo, a nova teoria não se resume a uma fórmula de união. Segundo ela, a gravidade tem de existir. Aliás, Edward Witten, líder reconhecido dos defensores da teoria das cordas, vai ainda mais além: "A teoria das cordas tem a notável propriedade de *prever a gravidade*." Brian Greene explica o que isso significa: "Tanto Newton quanto Einstein desenvolveram teorias gravitacionais porque suas observações do mundo demonstraram-lhes claramente que a gravidade existe e que, portanto, ela precisava de uma explicação precisa e coerente. Por outro lado, o cientista que estuda a teoria das cordas — mesmo que não conheça nada da relatividade geral — seria inexoravelmente levado a constatar a existência da gravidade pela própria estrutura da teoria."

O próprio Greene, grande defensor da teoria das cordas, considera problemática essa pretensão. Como nós já sabemos tudo sobre a gravidade, a "previsão" da teoria das cordas assemelha-se mais a uma "pós-visão". A matemática usada para elucidar a teoria das cordas é de um tipo novo, e a matemática em geral pode ser usada para se chegar a quaisquer conclusões que se queira (os governos e as grandes empresas fazem isso o tempo todo); por isso, a sensação de triunfo de Witten provocou uma considerável resistência. Não obstante, o fato de a teoria das cordas ter unido a gravidade às outras três forças fundamentais (a força eletromagnética e as forças nucleares forte e fraca) com relativa facilidade lhe dá uma vantagem sobre a teoria quântica.

Mas ainda resta a questão das dimensões adicionais. Logo ficou claro que a teoria das cordas, para dar certo, exigia a existência de outras seis dimensões espaciais além das três que conhecemos em nossa vida cotidiana. Acrescentando-se a essas a dimensão temporal de Einstein, chegamos a um total de dez dimensões — um belo número redondo. É claro que essas dimensões adicionais, como as cordas vibrantes subsubatômicas, são invisíveis para nós — e assim permanecerão até que nossa tecnologia se desenvolva o bastante. Edward Witten também disse que a teoria das cordas é uma teoria científica do século XXI, que foi descoberta cedo demais para ser provada pelos nossos atuais meios de investigação. Parece uma afirmação de conveniência, mas temos de nos lembrar que, em 1830, Charles Babbage já determinara todas as leis fundamentais da computação; porém, como só tinha em mãos a atrasadíssima tecnologia dos cartões perfurados, seu trabalho ficou esquecido por mais de cem anos. Muitas vezes acontece de as teorias científicas ultrapassarem o nível de tecnologia disponível para sua prova ou, no caso de elementos técnicos, sua implementação.

Não obstante, temos de nos perguntar qual é a aparência que as coisas assumem nesse mundo infinitesimal de dez dimensões. Os teóricos das cordas já responderam a essa pergunta, até certo ponto. O livro *The Elegant Universe* é repleto de ilustrações que procuram representar os chamados "espaços de Calabai-Yau". O nome foi dado para homenagear dois matemáticos, Eugenio Calabai e Shing-Tung Yau, cujas pesquisas, embora não tivessem relação com a teoria das supercordas, ajudaram a definir esses espaços. Greene não se cansa de repetir que as imagens são representações aproximadas, pois buscam reduzir um espaço de seis dimensões ao espaço bidimensional de uma página de livro. Em essência, parecem-se com um daqueles desenhos bem conhecidos de M. C. Escher, de escadas que não levam a lugar algum, enrolado e transformado numa espécie de bola de lã. A forma de bola não ocorre por acidente. As dimensões adicionais postuladas pela teoria das cordas são "enroladas" sobre si mesmas e, por isso, são tão difíceis de ver quanto o lado de dentro da mangueira de Greene, estendida sobre o abismo e percorrida por uma formiga. Esses espaços de seis dimensões existem dentro das três dimensões que conhecemos e podemos ver. Dentro de espaços como esses, ficaríamos totalmente desorientados; porém, as cordas vibrantes infinitesimais que teoricamente constituem as bases de todas as coisas no universo sentem-se perfeitamente em casa dentro deles.

A verdade é que, de acordo com a teoria das cordas, é o modo pelo qual as cordas vibrantes se movimentam nessas outras seis dimensões que determina as massas das partículas e as cargas das forças no mundo subatômico, o qual, por sua vez, afeta o mundo que nós habitamos. Em outras palavras, essas outras dimensões não são arbitrárias. São necessárias para as "ressonâncias" particulares que as cordas produzem, do mesmo modo que, em nosso mundo grande, a forma de um violino e a madeira de que é feito criam uma ressonância específica quando as cordas são tocadas. É claro que, no mundo decadimensional da teoria das cordas, a variedade de ressonâncias que podem ser produzidas é muitíssimo maior, a ponto de essas ressonâncias serem capazes de governar um universo ordenado.

Há uma outra versão da teoria das cordas que não envolve somente dez dimensões, mas também outras 26. Segundo ela, há dois tipos de vibrações: um que gira no sentido horário em dez dimensões e outro que gira no sentido anti-horário em 26. (O próprio uso das palavras *horário* e *anti-horário* num contexto decadimensional — para não mencionar o de 26 dimensões — pode ser visto como uma limitação intrínseca da linguagem ou como um sinal de que finalmente entramos no País das Maravilhas de Lewis Carroll.) Michio Kaku, outro teórico das cordas, explica em seu livro *Hyperspace*, de 1994, que "a corda heterótica deve seu nome ao fato de as vibrações horárias e anti-horárias existirem em duas dimensões diferentes mas combinarem-se para produzir uma única teoria das supercordas. É por isso que a teoria recebe como nome a palavra grega *heterosis*, que significa 'vigor híbrido'." Para os teóricos das supercordas, a beleza de todas essas dimensões está em que elas criam "espaço suficiente para que sejam explicadas todas as simetrias existentes tanto na teoria de Einstein quanto na teoria quântica". A expressão "espaço suficiente" é importante. O que deixa muitos físicos animados com a teoria das cordas é que, do ponto de vista matemático, "as leis da física ficam mais simples em dimensões superiores", como diz Kaku. Mal comparando, é como comprar vários arquivos novos para o escritório — de repente sobra espaço para armazenar muito mais dados de maneira mais organizada.

Enquanto a teoria das cordas ia sendo desenvolvida na década de 1980, porém, muitos físicos sentiram-se incomodados pelo fato de que nenhuma dessas idéias pode ser posta à prova com a nossa tecnologia atual. Já outros físicos ficaram extremamente entusiasmados. Ambos os lados do debate contavam com seus ganhadores do Nobel. Murray Gell-Mann, que previu a existência do quark e deu nome a essa partícula, disse publicamente que, em sua opinião, alguma versão da teoria das cordas viria por fim a superar todas as demais teorias. Sheldon Glashow, adotando a opinião oposta, uniu suas forças às de um colega de Harvard para denunciar as "coincidências mágicas, cancelamentos e relações milagrosas entre campos matemáticos aparentemente desvinculados entre si (e possivelmente ainda não descobertos)".

À medida que os físicos quânticos continuavam deparando-se com a impossibilidade de englobar a gravidade em sua teoria e os teóricos das cordas acalmaram-se um pouco e começaram a admitir a existência de alguns problemas, uma paz inquieta desceu sobre o mundo das ciências físicas. A teoria das cordas pelo menos parecia estar chegando em algum lugar, ao passo que a física quântica continuava a encontrar os mesmos problemas de sempre. Mas, embora a teoria das cordas resolvesse melhor o problema da gravidade e alguns outros, tinha os seus próprios pontos fracos. Como observa Timothy Ferris em *The Whole Shebang*, a proliferação de partículas subatômicas — que agora já constituem um verdadeiro zoológico de mais de 300 espécies diferentes — que já assolava a teoria quântica havia algum tempo começou a afetar também a teoria das supercordas. (Nesta, os nomes das partículas também são engraçadinhos: temos, entre outras, o s-quark e o s-neutrino.) Além disso, a teoria das supercordas não respondeu à pergunta de como as seis dimensões adicionais vieram a "enrolar-se". Como escreveu Ferris, "Uma teoria de campo das cordas deve ser capaz de gerar, por dedução, a massa do próton e de outras partículas, mas nenhuma teoria desse tipo foi formulada." Michio Kaku afirma, para quem quiser ouvir, que não há ninguém inteligente o suficiente para resolver o problema da teoria de campo. É mais uma variação sobre o tema de Witten, sobre a afirmação de que a teoria das cordas é uma teoria física do século XXI que aconteceu por acaso no século XX. (Aliás, é interessante notar que o *Physics in the 20th Century* ["A Física do Século XX"], de Curt Suplee, publicado sob os auspícios da Associação Norte-Americana de Física e do Instituto Norte-Americano de Física, ignora completamente a teoria das cordas.)

Kaku admite ainda outra dificuldade. Ninguém sabe, ainda, por que os cálculos matemáticos das supercordas só dão certo em 10 ou 26 dimensões. Caso se postule um outro número qualquer de dimensões, as equações não se resolvem — e é por isso que Glashow fala de "números mágicos". Para piorar as coisas, tem-se cogitado a hipótese de que talvez seja necessário trabalhar-se não com 10 dimensões, mas com 11, acrescentando-se não uma nova dimensão espacial, mas sim uma dimensão temporal suplementar.

Os físicos de renome chegaram a conclusões diversas sobre a teoria das cordas. Segundo alguns, ela solucionará definitivamente todos os mistérios da

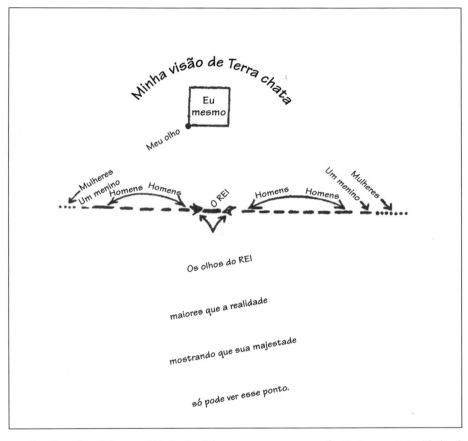

Um dos desenhos feitos por Edwin A. Abbott para seu romance fantástico e satírico Flatland *["Terra Chata"], publicado em 1884 e narrado por um certo A. Square ["Sr. Quadrado"], que habita um mundo bidimensional mas sai em viagem para explorar outras dimensões — neste caso, a unidimensional* Lineland *["Terra da Linha"] — e sofre um destino trágico quando aventa a possibilidade de existência de um mundo tridimensional. A dedicatória do livro de Abbott diz: "Aos Habitantes do ESPAÇO EM GERAL e H. C. EM PARTICULAR é Dedicada esta Obra por um Humilde Nativo de Terra Chata, na Esperança de que, assim como foi Ele Iniciado nos Mistérios das TRÊS Dimensões, não tendo antes conhecido mais que DUAS, assim também os Cidadãos dessa Região Celestial possam aspirar ainda mais aos Segredos de QUATRO, CINCO OU MESMO SEIS Dimensões, contribuindo assim para o Engrandecimento da IMAGINAÇÃO e o Possível Desenvolvimento do Raríssimo e Excelente Dom da MODÉSTIA entre as Raças Superiores da HUMANIDADE SÓLIDA."*

física e acabará por unificar os universos de Newton e Einstein com a teoria quântica. Segundo outros, ela é completamente falsa e terminará por revelar-se uma perda de tempo de proporções cósmicas. Na física, sempre houve teorias que deram em becos sem saída. Nós já ouvimos falar do universo geocêntrico de Aristóteles porque essa idéia completamente errada dominou o pensamento humano por muito tempo; mas a maioria das teorias incorretas vão parar na lata do lixo antes mesmo de chegar ao conhecimento do grande público. Caso se venha a provar que a teoria das cordas está errada, muitos físicos de destaque vão desejar que pudessem esconder-se em algum lugar recôndito, numa dimensão invisível qualquer. Pode ser, porém, que, quando isso acontecer e se acontecer, já nenhum deles esteja vivo para se sentir envergonhado. Pode ser que a tecnologia e a matemática necessárias para solucionar os enigmas da teoria das cordas só venham a surgir daqui a algumas décadas.

Para Saber Mais

Greene, Brian. *The Elegant Universe*. Nova York: Norton, 1999. Trata-se da mais completa apresentação da teoria das cordas dirigida ao público leigo. Greene é um dos pioneiros desse campo de pesquisas e conhece a teoria como a palma de sua mão. Escreve bem, mas sua honestidade quanto aos problemas da teoria é quase excessiva: às vezes, prevendo o ceticismo do leitor, ele demole seus próprios argumentos. Embora lúcido e fluente, este livro não se destina aos leitores que não têm forte interesse pelo assunto.

Kaku, Michio. *Hyperspace*. Nova York: Oxford University Press, 1994. Com o subtítulo de "Uma Odisséia Científica pelos Universos Paralelos, pelas Distorções Temporais e pela Décima Dimensão", o livro de Kaku é menos denso e menos sério do que o de Greene. O autor tem o dom de fazer uso de idéias tiradas de outros campos da vida (a literatura inclusive) para esclarecer as idéias científicas e acrescentar um pouco de humor ao texto.

Ferris, Timothy. *The Whole Shebang*. Nova York: Simon & Schuster, 1997. Como já dissemos, Ferris é um dos melhores escritores de divulgação científica, talvez o melhor no que se refere à física. É um pouco cauteloso, escrupuloso e reticente em sua apresentação da teoria das cordas (e eu concordo com ele), mas os fatos básicos estão todos aqui.

Abbott, Edwin A. *Flatland: A Romance of Many Dimensions*. Mineola, NY: Dover, 1992. Publicado originalmente em 1884, este clássico da literatura fantástica trata da vida num universo bidimensional. O gosto de lê-lo só aumentou depois das descobertas da física do século XX.

21

COMO O UNIVERSO VAI ACABAR?

Nosso Sol tem cerca de 4,6 bilhões de anos de idade e está mais ou menos na metade da sua vida estelar. É uma estrela comum — semelhante a bilhões de outras estrelas no universo. Essas estrelas morrem constantemente, e nascem outras iguais a elas. Depois de observar os cadáveres de estrelas semelhantes ao Sol, já sabemos em nítidos detalhes como será a morte dele. Daqui a cerca de 4 bilhões de anos, o hidrogênio que sustenta a fornalha nuclear do Sol vai se acabar. Nossa estrela vai começar a contrair-se, mas terá uma segunda rodada de vida: dentro dela, os núcleos de hélio se fundirão, três a três, para formar moléculas de carbono-12, e essa nova fonte de combustível vai durar outros 2 bilhões de anos. O Sol continuará vivo, mas o mesmo não acontecerá com a Terra. A queima desse novo tipo de combustível fará com que o tamanho do Sol aumente em mais de 100 vezes, transformando a Terra num punhado de cinzas absorvidas pela nova gigante vermelha que estará no centro do sistema solar. Por fim, quando não houver mais hélio a ser convertido em carbono-12, nosso Sol há de contrair-se novamente, transformando-se dessa vez numa apagada anã branca. No decorrer de mais alguns bilhões de anos, a anã branca irá esfriando aos poucos até transformar-se numa estrela morta, conhecida como anã preta.

Essa hipótese toda, porém, encontra um sério problema, um mistério que pode ser chamado "O Caso dos Neutrinos Solares Desaparecidos". Em 1931, quando Wolfgang Pauli postulou a existência do neutrino, fê-lo porque precisava explicar o fato de uma pequena quantidade de energia estar ausente do elétron produzido pela decomposição radioativa de um átomo. Em virtude da lei de conservação da energia, a energia emitida pelo átomo e a energia transmitida pelo elétron teriam de ser iguais; como não eram, Pauli concluiu pela existência de uma "partícula fantasma" que roubava invisivelmente a energia faltante. Ou neutrinos seriam, portanto, ladrões de energia. Levou mais de duas décadas para que fosse confirmada a existência do neutrino, que é uma partícula de carga neutra. Constatou-se, além disso, que havia três tipos, ou "sabores" — mais um desses termos quânticos engraçadinhos —, de neutrino, que são idênticos entre si exceto pela massa, que é diferente em cada um.

Os neutrinos são emitidos pelo Sol em grandes quantidades, na qualidade de subprodutos da fusão nuclear que ocorre dentro de nossa estrela. Como bons fantasmas, são extremamente difíceis de detectar, mas experimentos diversos já provaram sem sombra de dúvida que eles de fato saem do Sol e passam pela Terra, e também por nós, em sua invisível jornada pelo espaço. Porém, não foram detectados em quantidade suficiente. Dependendo das técnicas de detecção, constata-se que estão faltando de um terço a metade dos neutrinos que deveriam estar sendo emitidos pelo Sol. De algum modo, esses ladrões de energia devem estar sendo "presos" em seu caminho do Sol à Terra.

Esse problema já existe há trinta anos. Em virtude do peso de todos os outros indícios favoráveis à idéia de que a energia do Sol vem da fusão nuclear, os neutrinos desaparecidos são vistos como um enigma a ser resolvido pela melhora tecnológica dos experimentos, e não como um verdadeiro desafio ao modelo dominante. Entretanto, alguns cientistas criacionistas, convictamente opostos à teoria da evolução, têm usado a ausência de neutrinos para afirmar que o Sol não é movido pela energia da fusão nuclear e, por isso, é muito mais novo do que diz o modelo convencional. Um Sol muito mais novo implicaria uma Terra muito mais nova, nova o suficiente para inviabilizar a hipótese da evolução. Esses argumentos já foram duramente combatidos por numerosos cientistas adeptos da opinião convencional; segundo a interpretação atual dos dados, o Sol de fato tem 4,6 milhões de anos de idade e está a meio-caminho do seu tempo de vida, por mais que faltem neutrinos.

Ainda antes da morte do nosso Sol, a Via-Láctea vai "engolir" a galáxia anã chamada de Grande Nuvem de Magalhães e vai sofrer uma forte colisão com a galáxia de Andrômeda. A Grande Nuvem de Magalhães, que atualmente encontra-se a meros 150.000 anos-luz, está se desacelerando em seu movimento e começa a ser atraída pela força gravitacional da Via-Láctea, que há de devorar daqui a uns 3 bilhões de anos. Assim, cerca de um milhão de estrelas serão acrescentadas ao peso da Via-Láctea, o que lhe poderá ser muito útil quando ela colidir com Andrômeda, uns 700 milhões de anos depois. O espaço sideral é imenso, as colisões de galáxias são acontecimentos comuns e os danos que delas decorrem são surpreendentemente pequenos. É claro que algumas estrelas hão de chocar-se, com funestas conseqüências para os planetas que talvez as circundem; mas isso só ocorre de vez em quando, e as colisões de galáxias são café pequeno comparadas à escala do cosmos.

Há ainda a questão de saber se o universo está se expandindo ou contraindo. Trata-se de um tema que só vem sendo discutido há pouco tempo. Afinal de contas, foi só em 1925, quando foi publicado o artigo de Edwin Hubble sobre "universos insulares", que ficamos sabendo da existência de outras galáxias além da nossa Via-Láctea. O próprio Einstein, quando estava desenvolvendo sua teoria da relatividade geral, partiu do pressuposto de que só havia uma galáxia no universo e que esse universo era estático. Como suas fórmulas matemáticas davam a entender que o universo (no caso, composto de uma só galáxia) estava se expandindo, ele inventou uma constante cosmológica para contrabalançar esse efeito. Quando Hubble demonstrou que havia inumeráveis galáxias e que todas elas estavam se afastando umas das outras, aumentando assim o tamanho do universo, Einstein jogou fora a constante cosmológica e lamentou o fato de não ter confiado em suas equações desde o princípio.

Logo, porém, surgiram novas questões relativas à expansão do universo. Segundo alguns cosmólogos, ele pode estar se expandindo agora, mas pode a certa altura parar e começar a contrair-se. Quando o Big-Bang passou a ser levado mais a sério, na segunda metade do século XX, e passou a ser a teoria mais aceita, no começo da década de 1980, muitos cientistas se convenceram de que a energia centrífuga criada pela grande explosão primordial teria de diminuir aos poucos, esgotar-se e, por fim, transformar-se numa energia inversa, centrípeta; assim, todas as galáxias voltariam a unir-se e finalmente viriam a entrechocar-se todas no mesmo ponto, num imenso cataclismo cósmico chamado às vezes de *Big Crunch* ("Grande Esmagamento"). O resíduo desse cataclismo seria tão denso e tão quente que se transformaria por fim num ponto infinitesimal que conteria toda a matéria e a energia do universo — e explodiria de novo num outro Big-Bang. O mais veemente defensor dessa hipótese foi o físico norte-americano John Archibald Wheeler. Segundo sua teoria, o processo inteiro repetir-se-ia *ad infinitum*, e cada novo Big-Bang criaria um novo universo com leis completamente diferentes, pois o menor desvio de um único elétron na realidade quântica bastaria para mudar a natureza de todas as coisas (ver o Capítulo 19).

Esse padrão cíclico tem, na opinião de diversos cosmólogos, um apelo filosófico muito forte, e os cálculos matemáticos são perfeitamente corretos. De um modo ou de outro, o mito da fênix que renasce de suas próprias cinzas é um elemento profundo de quase todas as religiões, e, durante certo tempo, esse fato deu às opiniões de Wheeler uma certa vantagem nos debates sobre o fim último do universo. A idéia de um renascimento é sedutora, até mesmo em escala cósmica.

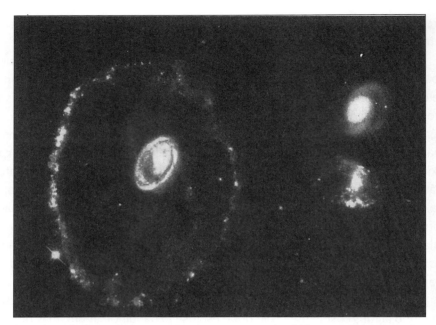

A Galáxia da Roda, fotografada aqui pelo Telescópio Espacial Hubble, está a 500 milhões de anos-luz, na constelação do Escultor. Sua estranha configuração resultou da colisão de duas galáxias, que juntas criaram uma nova galáxia maior do que a nossa Via-Láctea. As manchas brilhantes à direita da imagem são outras galáxias menores, mas não se sabe qual das duas está envolvida na colisão. Com o tempo, a Galáxia da Roda vai assumir de novo a forma de uma espiral, processo que aliás já está acontecendo, como se vê pelos "raios" pálidos que emanam do aglomerado estelar central. Cortesia da NASA (Kirk Borne, Space Telescope Science Institute).

Outra escola de pensamento deixa claro que, embora a idéia desse ciclo seja muito bonita, ela simplesmente não corresponde às nossas observações, de modo que o fim do universo seria um acontecimento muito mais sombrio. De acordo com essa escola, a expansão vai continuar para sempre. (Devemos observar aqui que, segundo o que se acredita, o universo está se expandindo num espaço absolutamente vazio, idéia que incomoda o comum dos mortais, mas não os cosmólogos.) À medida que as galáxias forem se afastando umas das outras, as colisões que suscitam o nascimento de galáxias novas vão diminuir em número. O vácuo frio que separa as galáxias umas das outras crescerá cada vez mais e as estrelas dessas galáxias consumirão aos poucos todo o seu combustível, como vai acontecer também com o nosso Sol. As estrelas de tamanho superior a 1,4 vezes o do Sol terão um fim muito mais violento e prolongado, mas também elas terminarão por utilizar toda a sua energia.

Depois de um trilhão de anos, ou seja, mil bilhões (já estamos na marca dos 8 ou dos 15 bilhões, de acordo com as diversas medições — veja o Capítulo 18), não haverá mais quase nada exceto estrelas mortas e buracos negros num universo escurecido. Porém, em virtude da atração gravitacional, que jamais deixa de operar, até mesmo esses corpos celestes terão a nova oportunidade de fazer mais um espetáculo cósmico de fogos de artifício, um bilhão de bilhões de anos depois do Big-Bang. Haverá luz novamente por cerca de um bilhão de anos, menos de um quarto da idade da Terra; e depois, por fim, no decorrer de um período inimaginavelmente longo, o universo será completamente escuro e frio, à medida que até mesmo os últimos buracos negros forem evaporando. Quanto tempo vai demorar esse processo? Nas palavras de Trinh Xuan Thuan, "Para escrever esse número, eu teria de antepor o algarismo '1' a um número de zeros equivalente ao de todos os átomos de hidrogênio de todas as centenas de bilhões de galáxias do universo conhecido." No fim, e para todo o sempre, só haverá radiação e partículas quânticas virtuais que surgirão e instantaneamente desaparecerão da existência.

Novos dados descobertos no ano 2000 indicam que o universo está se expandindo num ritmo muito mais rápido do que antes se pensava, o que talvez reduza um pouco a escala de tempo aqui descrita. Além disso, há inúmeras possibilidades capazes de mudar essa hipótese. Como vimos no decorrer do livro, até mesmo a idade do universo é tão duvidosa que as próprias técnicas usadas para medir o tempo cósmico passaram a estar sob suspeita. A física quântica está mal começando a nos revelar os estranhos mistérios do mundo subatômico. O mesmo elétron pode estar em dois lugares ao mesmo tempo e, ao que parece, os elétrons podem comunicar-se uns com os outros a distância, dizendo uns aos outros como se comportar quando há um convidado presente para observá-los. Na virada do milênio, todos estavam muito contentes com os grandes passos dados pela ciência no século XX, em todos os seus campos. Afinal de contas, em meros cem anos, a raça humana adquirira mais conhecimento sobre o universo e as suas partes constituintes, pequenas e grandes, dos genes às galáxias, do que em toda a sua história anterior. É certo que isso pede uma modesta comemoração; porém, é importante lembrarmo-nos do quanto ainda não sabemos:

O Big-Bang não passa de uma teoria, que em boa parte não pode ser provada.

Só temos idéias muito vagas acerca de como começou a vida na Terra.

Já achamos que sabemos o que causou a extinção dos dinossauros, mas o que dizer dos outros grandes períodos de extinção?

Já compreendemos bem melhor o interior da Terra, mas ainda somos absolutamente incapazes de prever os terremotos.

Alguns dos fatores que contribuem para a ocorrência de glaciações já foram compreendidos, mas as relações que os unem entre si permanecem extremamente nebulosas.

O debate sobre a endotermia ou exotermia dos dinossauros esquentou em vez de esfriar.

O registro da evolução da espécie humana continua cheio de lacunas.

O repentino salto civilizatório da humanidade continua sem nenhuma explicação.

Nem sequer chegamos a compreender como aprendemos a falar.

Alguns cientistas suspeitam de que os golfinhos têm uma inteligência quase igual à nossa e teriam muito a nos ensinar — se fôssemos capazes de aprender a nos comunicar com eles.

A migração dos pássaros ainda é uma maravilha sem explicação — e talvez seja melhor que continue assim.

É impossível saber se a grama é verde para todos ou só para nós.

As misteriosas conquistas da astronomia e do calendário maia dão a entender que os graus de conhecimento dependem daquilo que se procura saber.

Os cientistas simplesmente não conseguem integrar a força da gravidade às outras três forças fundamentais.

A luz às vezes parece ser feita de ondas, às vezes de partículas, e a linha divisória entre as duas naturezas ainda é uma questão de teoria.

A física quântica é assombrada por um gato simultaneamente vivo e morto.

Já temos certeza de que os buracos negros existem, mas não temos a menor idéia do que acontece dentro deles.

A idade do universo é uma questão em aberto.

A possibilidade matemática de que cada mínimo movimento nosso crie um novo universo transformou o Reino de Oz num modelo da realidade.

Já se postularam tantas dimensões novas que, em comparação com elas, a quarta dimensão proposta por Einstein no começo do século XX quase parece uma coisa prosaica.

Ainda assim, queremos saber como o universo vai terminar. Talvez seja presunção nossa, em vista do número de mistérios que ainda não foram explicados pela ciência. Porém, é esse um dos prazeres da vida: nós queremos conhecer todas as coisas, e continuamos tentando encontrar as respostas.

❄ Para Saber Mais

Livio, Mario, com um prefácio de Allan Sandage. *The Accelerating Universe: Infinite Expansion, the Cosmological Constant, and the Infinite Beauty of the Cosmos.* Nova York: John Wiley & Sons, 2000. Livio é um dos diretores de pesquisa do Telescópio Espacial Hubble e está inteiramente a par das últimas descobertas e dos mais recentes enigmas. No livro, ele fala, entre outras coisas, da necessidade humana de impor ordem ao universo e de como essa necessidade afeta os cientistas. Trata-se de um livro eloqüente, que foi muito bem recebido pela crítica.

Gribbin, John. *In Search of the Big Bang: The Life and Death of the Universe.* Nova York: Penguin, 1999. Esta nova edição, bastante revisada, é uma atualização de um dos primeiros livros populares sobre este tema.

Thuan, Trinh Xuan. *The Secret Melody.* Nova York: Oxford University Press, 1995. O texto de Thuan sobre o fim do universo, além de claro e compreensível, não é extenso demais, e fiz extenso uso dele para escrever este capítulo.

Nota: Os leitores dispostos a ler um texto que junta computadores, religião e o fim do universo num todo apresentável devem procurar um dos textos clássicos da ficção científica, o conto mais famoso de Arthur C. Clarke, intitulado "Os Nove Bilhões de Nomes de Deus". Esse conto, como seria de se esperar, consta de inúmeras antologias, e as teses nele defendidas são tão instigantes quanto quaisquer teorias já propostas pelos cosmólogos.